FROM A CAREER PERSPECTIVE
PSYCHOBIOGRAPHICAL ANALYSIS OF CELEBRITIES

生涯视角下的
名人心理传记分析

陈英 王鹏 著

中国华侨出版社
·北京·

图书在版编目（CIP）数据

生涯视角下的名人心理传记分析 / 陈英, 王鹏著. –北京 : 中国华侨出版社, 2023.7

ISBN 978-7-5113-9039-4

Ⅰ.①生… Ⅱ.①陈… ②王… Ⅲ.①名人—传记—心理学研究方法 Ⅳ.①B841

中国国家版本馆CIP数据核字（2023）第115972号

生涯视角下的名人心理传记分析

著　　者：	陈　英　王　鹏
出 版 人：	杨伯勋
责任编辑：	肖贵平
封面设计：	瞬美文化
版式设计：	辰征·文化
经　　销：	新华书店
开　　本：	710毫米×1000毫米　1/16开　印张：11　字数：146千字
印　　刷：	朗翔印刷（天津）有限公司
版　　次：	2023年7月第1版
印　　次：	2023年7月第1次印刷
书　　号：	ISBN 978-7-5113-9039-4
定　　价：	49.00元

中国华侨出版社　北京市朝阳区西坝河东里77号楼底商5号　邮编：100028
发行部：（010）64443051　传　真：（010）64439708
网　　址：www.oveaschin.com　E-mail：oveaschin@sina.com

如发现印装质量问题，影响阅读，请与印刷厂联系调换。

前　言

什么是生涯心理传记？它和传统意义上的人物传记有何区别？相对于现有的心理传记而言，生涯心理传记有何特点和优势？请您带着这些疑惑，跟随我们的脚步，来揭开生涯心理传记学的神秘面纱吧。

一、心理传记学

心理传记学是系统采用心理学的理论和方法对个别人物的生命故事进行研究的一门学问。这个定义包含三个要素：一是所选择和应用的是心理学理论，而非其他学科的理论或常识心理学，以区别于其他传记研究，且不限定对某一种心理学理论的应用；二是对个别人物的心理学研究，既包括在世的，也包括逝去的，因而排除了对一群人的研究及仅对历史人物的研究，体现了心理学的一种特殊规律研究取向；三是对生命故事的研究，体现了时间序列和传记性质，隐含着叙事取向，但又在研究方法上采取开放和多元的态度。

心理传记学的历史可以追溯到1910年第一部心理传记作品——《列奥纳多·达·芬奇与他童年的一个记忆》的出版，作者是著名心理学家弗洛伊德。这本书将心理学与文学传记第一次连接在一起，重新定义了传记和心理学作为应用精神分析的使命，这是心理传记学的开端。此后，随着心理学传记的大量出现，对此方法的批评也纷至沓来，但是这些批评并没有影响心理传记学的发展。1915年《王子凯撒的心理状态：一项感情和癖好的研究》和1917年《从心理学视角看耶稣》等作品被视为心理传记学的尝试。20世纪20—30年代以后，心理传记学继续盛行，出现了研究凯撒、达尔文、林肯和拿破仑等人的心理学传记专著。其中，以埃里克森的《青年路德：一项有关精神分析的研究》最为著名。到了20世纪60年代，埃里克森的第二部作品——《甘地的真相：好战的非暴力之起源》印证了心理传记学方法的拓展与成熟。20世纪70年代以来，随着心理传记出版物数量的增加，心理传记学家意识到，心理传记在很大程度上促进了人们对个体生命的理解。我们在阅读某些名人传记时所产生的疑惑，多半在心理传记学中可以寻得相应的解答，即心理传记学在很大程度上可以解答传主身上存在的悬疑性问题。比如，丘吉尔为什么患有抑郁症？森田正马为何在神经症的折磨下"自暴自弃"后反而出色地做出了一番成绩，并且疾病还能不治而愈？为何天生具有疑病素质、曾患神经衰弱症的森田正马却能提出以"顺其自然，为所当为"的豁达态度为核心的创新性神经症疗法……

二、生涯心理传记

在心理传记学的基础上引入"生涯"这一概念，使用心理学理论和生涯理论来对传主进行分析，就形成了这本书所要呈现给大家的"生涯心理传记"。何谓生涯？"生"即"活着"；"涯"即"边界"。从广义上理解，"生"，是与一个人的生命的联系；"涯"，即人生经历、生活道路和职业、专业、事业。生涯心理传记除了对传主进行必要的心理理论分析外，还会从职业生涯规划视角，即"生涯视角"出发，对传主的职业选择、人生规划进行一个明确的剖析，以求更好地帮助读者了解传主进行某种职业选择的原因，以及传主在某阶段所做的规划对其整个人生所产生的影响。

那么，生涯心理传记相对于普通的心理传记有何优势？这本书的价值体现在哪里？对读者又有何指导意义呢？

（一）心理传记学是在传统的精神分析理论上发展起来的，其产生的初衷旨在探究人们异常行为背后的原因，其中难免会有消极成分。本书在普通心理传记学的基础上加入了属于积极心理学范畴的生涯理论，在一定程度上中和了心理传记学中的消极成分，使本书所阐释的内容更加主流化，面向的群体范围更加广泛。同时，在心理传记学中加入生涯理论，既有助于拓宽心理传记学理论分析的范围，又有助于完善心理传记学的研究体系，推动心理传记学持续、健康发展。生涯理论，赋予心理传记学"生涯视角"，使得本书在探索名人心理传记的过程中，采用"人职匹配""多元角色""人生机遇""生命意义"等"生涯视角"去阐释名人的人生发展。

（二）本书作为人物传记的一种，可以向读者讲述传主一生所经历的传奇故事，方便读者了解传主生平。

（三）因为有心理学理论和生涯理论的加入，读者可以在阅读之余，学习到一些心理学和生涯理论的相关知识，拓宽视野，并可以引发对个人生涯规划的思考。理论知识和人物经历相结合，可以使读者更加直观地了解名人是如何由普通人变得出类拔萃甚至是流芳千古的；可以更透彻地洞察到他们所走的每一步、所做的每一个选择，对他们的人生产生了怎样的影响。

三、本书主要内容介绍

唐太宗李世民曾言："夫以铜为镜，可以正衣冠；以史为镜，可以知兴替；以人为镜，可以明得失。"同样，本书以名人的亲身经历为例，运用心理学理论通过传主的幼年经历解释其人格的形成；通过其人格的形成，解释其成年后的重大抉择，特别是那些让我们难以理解的"悬疑性"问题——它关乎历史人物最隐秘的一面，为那些处于"同一性危机"阶段的青少年，提供了塑造完整人格和形象的模板及可以学习和借鉴的榜样和经验。

翻开这本书，吕不韦、朱元璋、陶行知、辜鸿铭、丘吉尔、卓别林、毕加索等十三位国内外备受世人关注的名人将逐一登场，他们在各自的不同领域都取得了常人难以企及的巨大成功，但是他们的人生也都同样经历了数不尽的磨难，承受了常人难以想象的孤独、寂寞。例如，吕不韦作为一名优秀的商人，如何"玩转"政治舞台？昔日濠州的落魄乞儿，如何成了九五之尊？在一个连生存都十分艰难的时代，是什么让朱元璋下定决心成为领袖？勤政爱民的明太祖为何在晚年多疑残暴？从小在中西合璧的家庭中长大，相貌也是"中西合璧"的辜鸿铭，14岁起就受到正规的西方教育，精通英、德、法等多种语言，却为何放着"洋博士"不做，非要做个"半唐番"？悲惨的童年、挫折的婚姻、黑暗的社会，给卓别林的创作带来了怎样的影响？他又是怎样理解他从事了一生的喜剧创作的？……

　　本书运用心理学理论和生涯理论，对特定社会文化背景中具有历史意义的个体进行了深入的生命故事研究，以帮助读者更加直观地了解这些名人的成长过程，领悟让他们变得不平凡的因素，即他们对人生道路明确的选择规划，以及为实现目标所做出的不懈努力。

目　录

001 一代政商
　　——吕不韦的生命历程

013 当穷小子成为九五之尊
　　——布衣天子朱元璋的心理传记学分析

031 阅尽繁华荣辱的"北狩"皇帝
　　——明英宗

044 人民教育家
　　——陶行知的"平民教育激情"

062 张幼仪人格冲突的心理传记学研究

073 精于西学却执着守旧
　　——辜鸿铭的心理传记学分析

089 丘吉尔的心理传记学研究

102 在"悲惨世界"中成长起来的喜剧大师
　　——卓别林

110 毕加索的回避与渴望

125 "反抗者"
　　——加缪

135 孤独的行者
　　——荣格

141 森田正马的神经质与觉悟

151 马尔克斯的"孤独"气质

一代政商
——吕不韦的生命历程

一、引言

吕不韦（？—公元前235年），是战国后期风云际会中显赫的人物之一，是一位头脑灵活、有远见卓识的商人、政治家，为当时秦国的发展和统一做出了突出贡献。其思想观念、政治主张及其主持编著的《吕氏春秋》，对当今仍有重要的启发意义。他商人出身，家累千金，却毅然决然弃商从政，凭借"奇货可居"的政治投资思维担任秦国丞相，尊封文信侯，执掌秦国政权长达13年；他罗致门客编写的《吕氏春秋》，更是对中国文化的一大贡献。吕不韦的非凡和贡献，从司马迁将其写入列传并称其为"吕子"便可见一斑。特别是《报任安书》中说："古者富贵而名摩灭，不可胜记，唯倜傥非常之人称焉。盖文王拘而演《周易》；仲尼厄而作《春秋》；屈原放逐，乃赋《离骚》；左丘失明，厥有《国语》；孙子膑脚，《兵法》修列；不韦迁蜀，世传《吕览》……"司马迁将吕不韦和周文王、孔子、屈原等相提并论，可见对其评价之高！

吕不韦是一个非凡的、复杂的多面人，他用商人思维开创了政治舞台，既是一位高瞻远瞩、有远见卓识的政治家，又是一名追名逐利、手腕高明的商人。一般而言，商人思维与政治思维往往格格不入，吕不韦作为商人，是什么导致其一步步成为秦国丞相并主编旷世之作《吕氏春秋》，从而对秦国、对中国历史产生重大影响的呢？

研究吕不韦本人及《吕氏春秋》思想对于我们个人、国家、文化都有极其深远的意义。尤其是了解他叱咤风云的人生经历，以及他如何从一个商人发展和蜕变成一个尽人皆知、影响巨大的政治家的历程，对反省和鼓励自我向前发展，向更积极的方向发挥自己最大的潜能去实现自我，是有深刻的启示意义的。

虽然关于吕不韦和《吕氏春秋》讨论的著作、论文层出不穷，但主要局限于两个方面：一方面，对吕不韦本人成败和功过的简论。比如，叶钟灵发表了一系列关于吕不韦毁誉参半和功不可没的论述，孟宪实综述了政治商人吕不韦的成败。另一方面，对《吕氏春秋》思想的集释、评价和深入挖掘。比如，不断修改校正的《吕氏春秋集释》《吕氏春秋》思想研究、《吕氏春秋》与中国文化发展的关系。目前，对吕不韦本人及其思想的研究聚焦于解说、求证和评价，尚缺少深入窥探其人生经历的研究。

基于此，本研究拟带着上述悬疑性问题，从心理传记学视角深入探究吕不韦的心路历程和成长轨迹，找到解释其作为商人却能"玩转"政治舞台，从而对秦国和中国历史产生重要影响的必然因素，使后人能够以史观人，以心通史。

二、结果与讨论

（一）遗传与环境

行为遗传的双生子研究表明，任何个体的行为特征都是在遗传和环境联合并紧密交织的效应下形成的。吕不韦能够经商成功，做出弃商从政的决策，以商人思维开创政治舞台并影响深远，都离不开遗传与环境的作用。

1. 遗传：经商之家与吕氏家族

关于吕不韦前半生及其家人的资料很匮乏，导致我们对此几乎一无所知，只有《战国策·秦策》记载了其父对他弃商从政的回答,从中可窥得一点他的家庭状况。

> 濮阳人吕不韦贾于邯郸,见秦质子异人,归而谓父曰:"耕田之利几倍?"曰:"十倍。""珠玉之赢几倍?"曰:"百倍。""立国之主赢几倍?"曰:"无数。"曰:"今力田疾作,不得暖衣余食;今建国立君,泽可以遗世,愿往事之。"

据此推测,吕不韦大概出身于一个地主兼经商的家庭,经商才干有家传之因。恰恰是经商之家为吕不韦提供了有眼光、善于投资的大脑,奠定了他用商业思维玩转政治舞台的基础,为投资异人提供了金钱支撑。同时,父亲的回答也印证了吕不韦的想法,给予了他心理支持,使其敢于以商人身份投资政治。

当前对吕不韦家族的生物特征没有太多考证,但通过《吕氏族谱》的情况大致可以推断出,吕不韦具有一定的良好基因遗传。从表1可以看出,历史上记载的吕氏家族有很多名人,担任过很多重要职务。比如,吕不韦与吕尚同姓同氏,《吕氏族谱》记载:"吕氏齐国,传二十为诸侯,二十有九。"由此推测,吕不韦极有可能是姜太公的后代,而姜太公是周代齐国国君,商末周初政治家、军事家、韬略家。吕不韦的远见卓识、投资能力或许离不开吕尚的影响。

表1 吕氏家族资料表

人　物	简　介
吕尚（姜子牙）	周代齐国国君，商末周初政治家、军事家、韬略家[1]
吕　雉	汉高祖皇后，世称吕后。曾辅佐刘邦平定天下。公元前195年刘邦死后代理朝政，专政达16年之久，为历史上第一位有记载的女性执政者
吕　布	东汉末年名将，善弓马，力大无穷，时称"飞将"，封奋威将军、温侯，割据徐州，为一代枭雄
吕　蒙	三国时东吴名将，文武双全，后被封为南郡太守、孱陵侯
吕　忱	晋代文学家，著有《字林》
吕　光	十六国时期后凉建立者，在位13年。其子吕绍、吕纂、吕隆也先后为帝
吕　端	宋太宗时宰相

2. 身处乱世：渴望权力，获得安全感

按照精神分析心理学的观点，个体早年的经历在很大程度上决定着个体未来的人格，而人格又决定着个体在具体情境下的行为决策，即个体日后的行为可以通过其早年的经历得到解释。此外，个体行为的产生还与个体行为的动机有关，而对安全感和控制感的追求是人类行为的基本动机。早年缺乏安全感的个体，可能会更加倾向于对安全感特别是对权力的过度追求。

战国是一个战火连年不断、斗争异常尖锐的时代，东周各诸侯国经过数百年的互相攻伐，只剩下齐、楚、燕、韩、赵、魏、秦。吕不韦生于贫弱的

---

[1] 司马迁.史记：卷三十二·齐太公世家第二.北京：中华书局，1959.

卫国，后转到赵国邯郸经商。邯郸是一个复杂多变的地方，高阳先生在《清官册》中说，邯郸"这个地方在战国末期具有特殊的地位，成了各国间谍活动的中心，即情报市场"。可见，吕不韦生在乱世，又投身商界，可以称得上是乱中之乱，自然缺乏确定性和控制感。在当时重农抑商的社会背景下，商人受到歧视，毫无社会地位可言。成长环境的动乱、经商的辗转、重农抑商的风气，使得处于成年早期（公元前267年左右）的吕不韦深刻体会到世事的不可预料，于是对权力的追求就成为吕不韦克服不安全感的重要内容。以商人独特的眼光看到了秦国质子异人身上的投资价值，这便是他追求权力、作为商人却选择从政的第一步。

此外，战国也是一个丰富多彩的时代，出现了经济飞速发展、文化空前繁荣、变革浪潮迭起、观念逐日更新的局面。正是客卿制取代世卿世禄制的变革，使吕不韦渴望获得安全感和权力感的愿望得以实现，为其当上丞相和权倾朝野提供了机会。

（二）人际机遇与个人努力

1. 人际机遇：奇货可居的豪赌

如前文所述，经商才干、家族遗传、父亲的支持及对控制感的追求，为吕不韦作为商人却投身政治、用商人思维玩转政治舞台提供了良好的基础。尤其是吕不韦早年经历的乱世，从潜意识角度讲，这促使了他通过投资政治获得权力，以提升自我安全感和控制感。人际机遇也会改变一个人生命的发展途径，使一个人的梦想逐渐形成、发展、变迁。正是秦国质子异人的出现，使吕不韦踏上了关乎金钱、政治前途和身家性命的三重豪赌。

公元前267年，吕不韦在赵国邯郸经商时发现了巨大商机——秦国质子异人，认为其"奇货可居"。经过充分考虑，他将资产一分为二，五百金资助异人结交宾客，另外五百金购置珍宝游说华阳夫人，使其说服秦孝文王立异人为嫡嗣。吕不韦以商人的独特眼光看到了政治投资的巨额回报，决定要"千金散尽"进行一场政治风险大投资。

2. 个人努力：观察学习的历练

正如韩愈所言——"人非生而知之"。现代心理学研究表明，个人的才能是在先天遗传的基础上加上后天习得的结果。因此，遗传、环境及人际机遇为吕不韦弃商从政、展示政治才华提供了发展动力，只有将这种动力注入真实的生命历程，才可能演绎出辉煌的人生。吕不韦以范蠡辅佐勾践为榜样，将从政注入了真实的生命历程中。

美国心理学家阿尔伯特·班杜拉认为，儿童通过观察生活中重要人物（榜样）的行为而习得社会行为，这些观察以心理表象或其他符号表征的形式储存在大脑中，为他们的模仿行为提供了帮助。吕不韦在《吕氏春秋·当染》中高度评价范蠡："齐桓公染于管仲、鲍叔，晋文公染于咎犯、郄偃，楚庄王染于孙叔敖、沈尹蒸，吴王阖闾染于伍员、文之仪，越王勾践染于范蠡、大夫种。此五君者，所染当，故霸诸侯，功名传於后世。"他认为是范蠡辅佐勾践并成为勾践的老师，才使勾践成就了霸业。吕不韦以范蠡为榜样，观察学习其辅佐勾践的事迹，并逐渐应用、习得。同时，吕不韦顺利说服了华阳夫人，将自己扶持的异人立为太子和国君，这一系列的结果强化了吕不韦投资政治的行为，就像伯尔赫斯·弗雷德里克·斯金纳认为的那样——行为是塑造的结果，这逐渐塑造了吕不韦投身政治领域并为秦国做贡献的行为结果。

（三）生涯角色：投身政治

吕不韦有一妻一妾，史书并未记录其子嗣的情况，且关于吕不韦家人的描述也少之又少。从唐纳德·E.舒伯生涯发展阶段理论视角推测，吕不韦在儿子、丈夫、父亲这类家庭关系的生涯角色上分配的精力较少，在休闲者角色上也没有过多涉及。反而是一直在辅佐异人、秦王，投身于商人角色的转变和巩固政治权力。他当政后，继续推行富国强民政策，礼贤纳士，组织门客编写集大成的著作——《吕氏春秋》。就算他已贵为重臣，权倾朝野，也无半点贪图享乐之意，其雄才大略与治国才能一直为后人所推崇。可以说，吕不韦举毕生精力经商和执政，以个人目标和价值实现为生涯发展主体，成功地以商人身份承担起了秦国丞相、秦王仲父的角色，并最终闻名于历史。

（四）自我实现：持续的动力系统

在科学心理学视角上，以上因素共同作用，影响了吕不韦弃商从政的选择，使其能够在政治舞台上大显身手，深刻影响了秦国和中国历史。但舒跃育指出，就研究对象本身而言，不可忽视人"具有自由意志"这一特点。对吕不韦生涯方面的研究，必须思考其动力学，尤其是自我实现的意义。根据整体动力论，人寻求安全和成长两种相互冲突的力量根植于本性之中。且亚拉伯罕·马斯洛需求层次理论也指出，当低级需求达到一定程度的满足后，便会出现和追求高级需求，自我实现者不会再有退回到低级发展阶段的动机。吕不韦的发展经历贯穿了一系列的投资，先后进行了献府内赵姬、扶持异人上位为国君及礼贤纳士广收门客的投资，每一次投资都以基本站稳脚跟为基础，通过审慎抉择，不断满足自我需求，实现自我价值。比如，吕不韦在邯郸经商成功，迅速致富，家累千金，却毅然放弃经商，决定投资更有前途的"商品"——异人，以摆脱地位低下的商人身份，进军政治界，追求权力和地位；吕不韦以仲父身份执政后，礼贤纳士，投资人才，组织门客编写《吕氏春秋》，为刚刚建立的统一政权提供理论指导与合理依据，希望包括秦始皇在内的读者，通过此书可以了解历史的治乱兴衰、命运的寿夭吉凶，只有遵循天地、人伦的规律，才能使世间道理明白、是非昭彰。吕不韦通过投资，不断巩固安全需求和追求自我需求，以实现自我价值，获得成长，造就了非凡的人生历程，影响了秦国乃至中国的历史和文化。

（五）个性张扬：影响行为决策

在采用心理学概念解释个体生命时，心理传记学家常常会用到人格心理学中的核心概念。心理传记学与人格心理学有很多共同之处，用现代人格理论去研究探索人类生命是心理传记学家常用的方法之一。目前，关于吕不韦人格特质的研究稀缺，只有周晓慧提出过"吕不韦的个性极度张扬"这一论点。上文叙述了塑造吕不韦张扬性格的因素，其人格又决定着个体在具体情境下的行为决策。正是张扬的个性，促使吕不韦下定决心弃商从政，以全部身家投资异人，游说于各国朝堂。正是张扬的个性，促使执政后的吕不韦广揽天下人才，主持编写了"备天地万物古今之事"的《吕氏春秋》，并悬于首都城门，扬言："有能增损一字者赏千金。"孟宪实总结道："这是最强大的秦国，行事风格十分猛烈，山东六国，罕有其匹。"这张扬的个性决定了吕不韦敢以商人身份步入政治舞台，追求控制感，不断实现自我价值，并编写旷世之作为统一政权提供理论指导与合理依据。

三、结语

吕氏家族的遗传与经商才干，造就了吕不韦善于投资、富有远见卓识的头脑和才干。他在战国的不安定和商人地位低下的环境中，渴望通过权力获得安全感、控制感和利益，而人际机遇与战国客卿制的改革为其以商人身份从政和在政治舞台上实现自我提供了前提和机会。以辅佐勾践的范蠡为榜样，进行观察、学习、历练，并等到了异人即位，自己担任相国，逐渐塑造了吕不韦持续做出政治贡献、影响秦国和中国历史的行为结果。从生涯角色视角来看，吕不韦将精力投身于辅佐国君、治国理政，集各家思想于"杂家"之中，就算他已权倾朝野，贵为重臣，也无半点贪图享乐之意。从自我实现的动力系统来看，除上述各方面因素的共同作用外，吕不韦的发展经历是一系列寻求安全、成长和自我实现的过程。

总而言之，从心理传记学的视角深入研究吕不韦的心路历程和成长轨迹，找到解释吕不韦作为商人却选择从政并对秦国乃至中国历史和文化产生重要影响的多方必然因素，使我们能够以史观人，以心通史。

四、启示

"一个人若是看不到未来，就掌握不了现在；一个人若是掌握不了现在，就看不到未来。"金树人老师认为这两句话说明了生涯规划的本质与精髓，也指出了生涯咨询师与受辅者共同努力的"立足现在，胸怀未来"的目标。的确如此，从吕不韦的生涯发展历程来看，他将现在与未来结合，在满足基本需求的基础上，进一步投资以不断实现自我。对青少年学生来说，生涯规划与辅导探讨的是他们成长过程中的主体性与主导性问题，这给予了我们多方面的启示。

首先，生涯辅导是一种目标教育，同时也是一种过程教育，必须贯穿青少年学习与生活的始终。根据生涯角色理论和埃里克·埃里克森的发展阶段论，在不同的阶段，青少年学生会有不同的角色思考，同样有每个阶段应该实现的目标。这就要求我们要接受青少年学生的角色变化，遵循其成长和发展规律，通过连续性和阶段性的过程，使青少年学生掌握当下，准备未来。

其次，生涯意识形成和发展具有规律性，就像受到遗传、环境、人际机遇多方影响的吕不韦，在潜意识里渴望用商人思维玩转政治舞台，克服不安全感，逐渐实现自我。心理学研究也表明，人的职业意识不是择业时才有的，而是在儿童时期就已萌芽，到青年期逐渐由幻想、朦胧走向现实。青年人的自我意识是通过职业意识来表达的，而职业价值观直接会影响人们对职业的认识和态度。据此，在生涯辅导中，需依据人的职业意识形成的规律和特点，引导其从幻想、探索，逐渐走向表达意识。

再次，生涯规划与辅导教育需要在学生、学校、家庭、社会间共同进行。研究表明，当前影响学生成长的主要因素包括学校、家庭、同伴和媒体四个方面，生涯辅导要取得实效，这几个方面都应发挥作用。国内外的经验也说明，好的教育过程是全方位、立体式的教育，任何单方面的措施都存在缺陷，因此，整合需要几个方面的共同努力。

最后，生涯辅导的核心价值是因材施教，其过程实质是通过教师帮助学生做最好的自己。就像对传主的心理传记学分析一样，每个人都有不同的遗传素质、人格特质、生活环境，生涯发展是在社会支持和人际机遇的影响下，根据自己的需求逐渐探索出来的。在生涯辅导过程中，不能单纯依靠学生自己的力量去发现。根据我国学生的特点，需要借助一定的外力以起到推动作用，教师正是这种外力的主体力量。

与国外相比，生涯规划与辅导在我国还是一种新生事物，但这项工作因社会自身发展的需求而产生，具有不可忽视的作用，尤其是在高考改革背景下，对处于自我同一性探索阶段的学生来说尤其重要。笔者相信，随着研究的不断深入，适合我国的生涯辅导理论和模式将得到快速发展！

参考文献

[1] 陈宏敬.《吕氏春秋》研究综述 [J]. 中华文化论坛, 2001(02): 64-72.

[2] 丁雪, 王鹏, 高峰强. 一代大儒熊十力"狂"者人格的心理传记学研究 [J]. 心理科学, 2020, 43(05): 1274-1279.

[3] 韩丹. 职业生涯辅导及对大学生就业指导工作的启示 [J]. 职教论坛, 2004(11): 15-16.

[4] 宋臻. 大学生生涯发展问题现状调查与对策的实践研究 [D]. 华东师范大学, 2007.

[5] 洪家义. 吕不韦评传 [M]. 南京：南京大学出版社, 1995.

[6] 金树人. 生涯咨询与辅导 [M]. 北京：高等教育出版社, 2007.

[7] 陈奇猷. 吕氏春秋校释 [M]. 上海：学林出版社, 1984.

[8] 约瑟夫·洛斯奈. 精神分析入门 [M]. 郑泰安, 译. 天津：百花文艺出版社, 1987.

[9] 马皑, 宋业臻. 心理传记学的研究方法思考 [J]. 心理科学, 2019, 42(02): 506-511.

[10] 孟宪实. 政治商人吕不韦的成与败 [J]. 文史天地, 2017(8): 7-11.

[11] 舒跃育. 心理动力系统与心理学的目的论原则 [D]. 吉林大学, 2012.

[12] 舒跃育. 心理传记学的历史与展望 [J]. 西北师大学报（社会科学版）, 2018, 55(05): 102-109.

[13] 舒跃育. 天命可违：诸葛亮行为决策的心理传记学分析 [M]. 北京：清华大学出版社, 2018.

[14] 舒尔茨. 心理传记学手册 [M]. 郑剑虹, 谷传华, 丁兴详, 等, 译. 广州：暨南大学出版社, 2011.

[15] 王新利, 郭晓婧. 秦国名相吕不韦的从政得失及历史鉴示 [J]. 行政科学论坛, 2019(011): 58-61.

[16] 吴彩云, 兰光华, 徐英, 等. 行为遗传的双生子研究 [A]// 全国第六届心理学学术会议文摘选集 [C]. 1987.

[17] 修建军. 《吕氏春秋》与中国文化 [J]. 孔子研究, 2001(04): 82-88.

[18] 许维遹, 梁运华. 吕氏春秋集释 [M]. 北京：中华书局, 2009.

[19] 许维遹. 吕氏春秋集释：全二册 [M]. 北京：中国书店, 1985.

[20] 杨胜宽. 关于郭沫若对吕不韦的评价问题 [J]. 郭沫若学刊, 2013（01）: 33-40.

[21] 杨玲, 孙继民, 贾璐霞. 现代文化对政治人物心理分析的影响和意义 [J]. 商业文化, 2014(29): 217.

[22] 叶钟灵. 臣道漫笔（六）帝师天下为己任（2）吕不韦：毁誉参半, 功不可没 [J].

电子产品世界，2015，22(04)：76.

[23] 郑剑虹，李文玫，丁兴祥. 生命叙事与心理传记学[M]. 北京：中央编译出版社，2014.

[24] 朱绍侯. 秦相吕不韦功过简论[J]. 河南大学学报（社会科学版），2000(05)：26-30.

[25] 周晓慧. 个性极度张扬的悲剧结局：吕不韦人格特质的剖析[J]. 盐城市广播电视大学学报，2001(2)：1-4, 19.

[26] MASLOW A H. Motivatio n and personality[J]. Quarterly Review of Biology, 1970(1)：187-202.

[27] DAN M A. The person：An introduction to personality psychology[J]. The Science News-Letter, 2001, 6(3)：206-206.

[28] RUNYAN W M K. Individual lives and the structure of personality psychology[J]// Rabin A I, Zucker R A, Emmons R A & Frank S (Eds.). Studying persons and lives. Springer Publishing Co, 1990.

[29] SCHULTZ W T. Handbook of psychobiography[M]. New York, NY：Oxford University Press, 2005.

当穷小子成为九五之尊

——布衣天子朱元璋的心理传记学分析

一、引言

昔日濠州的落魄乞儿,如何成为九五之尊,在一个连生存都十分艰难的时代,是什么让朱元璋下定决心成为领袖?伟人还是暴君?勤政爱民的明太祖为何在晚年多疑残暴?其诱因为何?早已被废弃的殉葬制度为何重新进入朱元璋的生活?朱元璋重启殉葬制度的动机是什么?本文将通过对朱元璋的心理传记学分析来回答以上疑问。

朱元璋(1328—1398年),原名朱重八,明朝开国皇帝,《明史·太祖本纪》记载:"讳元璋,字国瑞,姓朱氏。先世家沛,徙句容,再徙泗州。父世珍,始徙濠州之钟离……至正四年,旱蝗,大饥疫。太祖时年十七,父母兄相继殁,贫不克葬。里人刘继祖与之地,乃克葬,即凤阳陵也。太祖孤无所依,乃入皇觉寺为僧。"[1]

他从出生便尝尽人间疾苦,经受世态炎凉,17 岁失去双亲和哥哥,只能进入皇觉寺为僧,不久因寺内得不到施舍又被迫"云游四方"。在这流浪的三年中,他走遍了淮西的名都大邑,接触了各地的风土人情,见了世面,开阔了眼界,积累了丰富的社会生活经验;29 岁消灭割据势力,自称吴王;40 岁推翻元朝统治,救百姓于水火之中;41 岁即皇帝位,国号大明,年号洪武。

---

1 南炳文,汤纲. 中国断代史系列:明史. 上海:上海人民出版社,2003.

在位期间勤政爱民，促进了当时的政治、经济、文化发展；53岁，以图谋不轨之名诛杀胡惟庸，前后共诛杀王公贵族三万余人；71岁病逝，葬于明孝陵。纵观朱元璋的一生，从穷苦窘迫的童年，到肆意拼搏的青年，再到辉煌灿烂的中年，最后到满是担忧、杀戮与疲惫的晚年。朱元璋的一生经历甚多，不管是伟人还是暴君，其过错无法抹杀，其建立的功绩更是不可磨灭。

"中国自三代以后，得国最正者，惟汉与明。"说的是两位开国皇帝——刘邦和朱元璋。刘邦和朱元璋都无深厚背景，最初也不过是在乱世中求生存，但最后二人都推翻了暴虐的朝代，建立了新的朝代。相比于其他开国皇帝：晋、隋、宋都是篡位，唐朝李氏又是门阀大族，所以说这二人得国最正。而朱元璋与刘邦相比，他的基础更差，不仅没有文化涵养，甚至连饭都吃不上。可见，朱元璋的经历与成就堪称前无古人、后无来者。

朱元璋出身的确贫苦，家里是佃户，收成多给了官吏和地主，自家食不果腹。朱元璋此时还是地主家的放牛娃，之后其所在的孤庄村同时遭受旱灾和瘟疫，双亲和哥哥接连去世，却没有葬身之地。幸有同村人慨然施舍一块土地，最后以几件衣裳包裹，任雨水冲松泥土掩埋了尸首。35年后，朱元璋写皇陵碑[1]时仍觉悲痛："殡无棺椁，被体恶裳，浮掩三尺，奠何肴浆！"然而，就是在这样一个时代背景下，一个小小的放牛娃为何能够改朝换代？其心理动因为何？这是本文要分析的第一个问题。

朱元璋的皇帝之位是从士兵一步一步摸爬滚打获得的，而昔日一起打天下的战友的功绩自然不可磨灭，可以说，没有这些能人异士的协助，朱元璋想登上皇位是几乎不可能的。因此，这些功臣理应获得丰厚的待遇。然而，朱元璋晚年对这些人赶尽杀绝，一时之间人心惶惶。为何朱元璋晚年会发生

---

1 皇陵碑，是指立于皇陵前，用于介绍皇帝身世、生平等情况的石碑，中国历代都有各式各样的皇陵碑存世。

如此转变？在这一过程中朱元璋内心发生了怎样的心理活动呢？这是文本要探讨的第二个问题。儿童时期就痛失亲人的朱元璋，自然应该知晓生命的可贵，然而，他在位期间重启了废弃已久的妃嫔殉葬制度，其目的为何？仅仅是相信死后会在另一个世界生活吗？这是本文要探讨的第三个问题。本文将从心理学视角分析这三个疑团。

二、从艰难求生到建立帝国

元朝末年，民不聊生，无数英雄豪杰都决心打败元朝，拯救苍生。然而，最后做到这一切的竟是一个四处漂泊的乞丐。贫苦出身的朱元璋连生存都十分困难，为何有勇气、有动力建立大明朝？是什么支撑他一步步走下去的？

元朝由忽必烈于1271年建立，其前身是成吉思汗建立的大蒙古国，是中国历史上首次由少数民族建立的大一统王朝。这一时期，对于普通百姓来说，他们将要面对的则是一段黑暗时期。首先，在战争期间，蒙古军队为了加快战争进度，对敌人采取了残酷而野蛮的政策，大量敢于英勇反抗的地区破城之后人民被屠杀和奴役，无数财产被掠夺损毁。民众受到了残酷而不公正的对待，难以计数的人口和财产在战火和随后的瘟疫、饥荒中损失。其次，元朝建立后，统治者变本加厉地向人民收取各种名目繁杂的赋税，将各民族分为不同等级，导致民族压迫十分严重，对汉族的剥削尤为残酷。元朝统治者在当时建立了很多针对汉人的不公正政策，如刑法上对汉人采用了更严格的法律进行管制；政治上禁止汉人习武与入仕；文化上贱视汉族文化等。

元朝末年吏治更加腐败：横征暴敛，苛捐杂税名目繁多，全国税额比元初增加了20多倍，对民众的生活造成了巨大危害。当时，大批蒙古贵族抢占土地，使农民本就苦不堪言的生活更加难以为继。中原当时又连年灾荒，百姓破产流亡，无以为生。此外，黄河泛滥，给沿岸地区人民带来了巨大的灾难。在天灾面前，人们本已无能为力，再加上官府的无道统治，人民生活便到了崩溃的边缘。元朝著名词人张养浩曾写过这样一句词，"兴，百姓苦；亡，百姓苦。"[1] 深刻反映了当时人民的处境。最终，人民不堪沉重的封建剥削与压迫，纷纷起义。

泰定二年（1325年），河南息州赵丑斯、郭菩萨提出了"弥勒佛当有天下"的口号，揭开了元末农民起义的序幕；至元三年（1337年），广东朱光卿、聂秀卿起义，称"定光佛出世"。同年，河南棒胡起义，棒胡烧香聚众，起义者"举弥勒小旗"；至元四年（1338年），彭莹玉、周子旺在袁州起义，起义农民达五千余人，"背心皆书佛字"；至正初，小规模起义、暴动已遍及全国，仅京南一带即达三百余起；至正十一年（1351年），以韩山童、刘福通、徐寿辉和彭莹玉为主要领导的红巾起义爆发，义军头裹红巾，称"红巾军"。参加红巾军的基本都是贫苦的农民，元末文人叶子奇说，当时"人物贫富不均，多乐从乱"[2]，朱元璋也说，濠州地区"民弃农业、执刃器趋凶者万余人"[3]。至正十二年（1352年），朱元璋参加了濠州郭子兴领导的红巾军。然而，在红巾军日益壮大的同时，元朝采用免除民族界限、赏以爵位官位的形式大量招揽力量对抗红巾军，使红巾军逐渐落于下风。

当红巾军和元军主力进行艰苦斗争的时候，朱元璋开始独树一帜，逐渐发展自己的势力。他军纪严明，知人善任，并采纳"高筑墙、广积粮、缓称王"的建议。至正二十年（1360年），36岁的朱元璋打败陈友谅，次年陈友谅之子陈理投降。至此，统一南方最大的威胁解除；至正二十七年（1367年），苏州城破，朱元璋起义的另一大威胁张士诚被俘后自缢而死。1368年，

---

1 出自元曲作家张养浩的散曲作品《山坡羊·潼关怀古》，此曲由历代王朝的兴衰引到人民百姓的苦难，描绘了封建统治与人民的对立，表现了作者对历史的思索和对人民的同情。
2 出自叶子奇《草木子》卷三上《克谨篇》。
3 朱元璋，《高皇帝御制文集卷第十四》（御制纪梦）。

41岁的朱元璋称帝，国号大明，定都南京。

如此看来，元末英雄豪杰辈出，其中不乏有抱负、有谋略之人，如出身白莲教世家的韩山童，从祖辈开始就秘密组织活动，意图推翻元朝，恢复汉族王朝统治；自幼出家的彭莹玉，长期利用白莲教组织农民起义。但最后竟是漂泊流浪的"朱重八"推翻了元朝统治，救民于水火之中，建立了新的朝代。当时的朱元璋只是为了活命才加入红巾军的，为何在最后却能成为一国之君？其动机为何？在一个只求活命的时代下，身份卑微的朱元璋一步步建立明朝的动力又来自哪里？

朱元璋家里几世赤穷，父祖辈居无定所，漂泊流浪，最后在濠州钟离县太平乡孤庄村做了佃户。在孤庄村生活的日子中，朱家一方面要受地主剥削；另一方面还要受官吏的压迫与剥削，朱元璋就是在这样一个漂泊困窘的家庭和饱受欺凌的社会环境中长大的，其遭受的生活压力和精神痛苦是可以想见的。此外，朱元璋在民间流浪的三年时间里历尽艰辛，目睹贪官污吏的奸恶并深受其害。童年的生活和流浪的经历塑造了朱元璋疾恶如仇、正直节俭的思想品性，对害民的贪官污吏恨之入骨。有人曾分析说："盖自其托身皇觉寺之日，已愤然于贪官污吏之虐民，欲得而甘心之矣。"也正是由于年少时遭受的痛苦和灾难，使朱元璋对秩序井然、民生安乐的社会产生了强烈向往。朱元璋政治理想的框架，是从儒家经典对上古盛世的描绘中归纳出来的，但其内容，则打上了他本人经历的深刻烙印。他希望能"正纲常，明上下，尽复先王之旧"[1]。也就是说，朱元璋希望建立一个理想社会，而他自己就是拯万民于水火、缔造这一理想社会的"救世主"。实现这一切最直接的方法就是由他来主导这个国家。因此，朱元璋对于邪恶的厌恶、对于美好的向往以及"救世主"心理，在一定程度上促使他开始追求建立自己的政权来管理

---

1 出自《明太祖实录（卷176）》。

整个国家。

少年朱元璋最大的追求就是吃饱饭活下去,到了成年期,他的追求却是成为一国之君。如果要对这一转变进行解释,我们首先要思考的一个问题就是:人在不同时期为什么会有不同的追求?马斯洛的需求层次理论认为:需求的满足是一种激励力量,并将人的需求由低级到高级依次分为生理需求、安全需求、归属与爱的需求、尊重需求和自我实现需求五个层次。其中,生理需求和安全需求是最基本的需求。前者指满足生存的基本需求,如食物;而后者反映的则是人对于安定的追求,如稳定、没有威胁的生活环境。个体在不同发展时期会有不同需求,低级需求的满足会激励个体继续追求更高层次的需求。很显然,少年时朱元璋在这些基础需求的满足上十分欠缺。而根据需求层次理论,只有低级需求得到满足后,个体才会有追求更高层次需求的动机。成年后,在朱元璋加入红巾军,不仅有了基本的生活物资,还有了较为稳定的组织和归属,甚至有了自己的家庭和下属。因此,此时其低级需求和尊重需求已基本得到满足,使他有足够的前提条件和动力去追求较高层次的需求,即自我实现的需求,而建立自己的政权就是满足这一需求的一种方式。

从单纯弱小的放牛娃到精明强大的一国之君,朱元璋早期的童年生活、流浪生活及后期加入红巾军的经历对他的人生轨迹产生了极大的影响。此外,个体发展阶段的规律、个体不同层次需求的满足在其中也提供了强大的动力。

三、明君还是暴君

明朝初建,灾歉连年,而朱元璋在位 31 年间,勤勤恳恳,理政爱民,与民休息,在一片废墟中建立起了生机勃勃的大明。然而,晚年的他像换了一个人,残酷多疑,对功臣、无辜之人赶尽杀绝。原本拯救苍生的"神"为何成了嗜血冷酷的"魔"？究竟是什么使朱元璋发生了这样的转变？

朱元璋是中国历史上最勤政的皇帝之一，他从来不惮给自己增加工作量。从登基到去世，他几乎没有休息过一天。他在遗诏中说："三十有一年，忧危积心，日勤不怠。"据史书记载，从洪武十八年（1385年）九月十四日至二十一日，八天之内，朱元璋批阅内外诸司奏札1660件，处理国事3391件，平均每天要批阅奏札200多件，处理国事400多件。仅此一端，即可想见他是多么勤奋。朱元璋的节俭，在历代皇帝中也堪称登峰造极。当了皇帝后，他每天早饭"只用蔬菜，外加一道豆腐"。他所用的床，并无金龙在上，"与中人之家卧榻无异"。朱元璋还命人在宫中开了一片荒地来种菜吃。洪武三年（1370年）正月的一天，朱元璋拿出一块被单给大臣们传示。大家一看，都是用小片丝绸拼接缝成，即百纳单。朱元璋说："此制衣服所遗，用缉为被，犹胜遗弃也。"

朱元璋还十分爱惜民力，提倡节俭。他即位后，在应天修建宫室，只求坚固耐用，不求奇巧华丽，还让人在墙上画了许多历史故事，以时刻提醒自己不要忘本。按惯例，朱元璋使用的车舆、器具等物，应该用黄金装饰的部件，朱元璋下令全部以铜代替。主管的官员报告说用不了很多黄金，朱元璋却说，他不是吝惜这点黄金，而是既然提倡了节俭，自己就应当作为典范。在朱元璋积极措施的推动下，农民生产热忱高涨。明初农业发展迅速，元末农村的残破景象得以改观。农业生产的恢复发展，促进了明代手工业和商业的发展。朱元璋的休养生息政策巩固了新王朝的统治，稳定了农民生活，促进了生产发展。

从这些事件中可以看出，对于国家和人民来说，朱元璋的确是勤政爱民的明君，这在一定程度上与他的贫苦出身有关，曾经的痛苦经历使他更了解普通民众的生活。然而对于大臣，尤其是当年一起打天下的功臣来说，朱元璋则是一个暴君。早期的痛苦经历造成的后果中，不止有对百姓疾苦的同情，还有对豪民和暴吏的刻骨愤怒。

朱元璋晚年屡兴大狱，诛杀功臣宿将。建国之初，为了使公侯将相尽忠，洪武五年（1372年），朱元璋作了申诫公侯的《铁榜文》；洪武八年（1375年）又编了《资世通训》，反复强调要他的臣僚对他效忠，即"勿欺、勿蔽"；洪武十三年（1380年）又编了《臣戒录》，以"纂录历代诸侯王宗戚宦臣之属，悖逆不道者凡二百十二人"的行事来教育他的臣僚；洪武十九年（1386年）又颁布了《志戒录》，"其书采辑秦汉唐宋为臣悖逆者凡百有余事，赐群臣及教官诸生讲诵，使知所鉴戒"[1]。

但真正的腥风血雨还在后面。洪武十三年（1380年），朱元璋以图谋不轨之名诛杀了丞相胡惟庸，屠灭三族，连坐其党羽，前后共诛戮了15000多人。以后又几兴大狱，使"胡惟庸狱"不断牵连扩大。到洪武二十三年（1390年），功臣兼太师李善长等人也以与胡惟庸"交通谋反"被赐死，家属70多人被杀。著名儒臣宋濂只因受孙子连累，全家被贬到四川，他也病死于途中。此案延续了十年之久，前后被杀的几十家王公贵族共30000多人。洪武二十六年（1393年），"蓝玉案"爆发，蓝玉被处死后朱元璋又进行了大规模的清洗，受此案株连被杀的高官，仅列入《逆臣录》的就达25000人。之后又经过几次党狱，最终，明初的功臣被屠戮殆尽。

从这段历史可以看出，自朱元璋1368年即位，到1398年积劳离世这31年间，对于百姓与国家，朱元璋一直保持着勤勉、爱民如子的作风。但是对于大臣尤其是有功之臣来说，晚年的朱元璋再也不见往日的风采，而变成了失去理智的猛兽。为什么朱元璋对臣子的态度会发生如此大的转变呢？

关于朱元璋嗜杀的心理动因，历史上有不同的解释，最有代表性的解释

---

[1] 出自《明太祖实录》。

是，朱元璋看到皇太孙（朱允炆）懦弱，担心自己死后强臣压主，所以产生了事先消除隐患的"削刺心理"。然而，历史现象是复杂的，朱元璋一生杀俘、杀降、杀贪官、杀功臣、杀文人、杀亲贵，其滥杀的范围之广不一而足，其原因自然不能一概而论。我们既要从剖析朱元璋的个性心理入手，也不能忽视其所处的时代背景及社会心理。

朱元璋起事于战乱频仍之际，残酷的战争把他由一个食不果腹的放牛郎、颠沛流离的游方僧，锻造成了一个果敢勇毅的军事统帅。朱元璋的军队在当时是最勇猛同时也是最残酷的，嗜杀滥杀是不争的事实。但如果我们把这一事实放在当时的历史大环境中去考察就会发现，这种滥杀行为在当时的不同军事集团中广泛存在。在元朝长达百年的统治中，其残暴、滥杀行为一直存在。

精神分析学派认为，人的意识分为意识、前意识和无意识。如果用一座冰山来比拟，无意识就是隐藏于冰山之下的部分。荣格对无意识进行了进一步区分，提出个人无意识和集体无意识。其中个人无意识就是弗洛伊德提出的无意识；而集体无意识说的是存在于整个人类种族之中的无差别的基本精神构架，它不属于个人，而是一种人类普遍存在的现象。在元朝，杀戮无疑是生存下去的常用手段之一，这种无意识祖祖辈辈传递下去，逐渐形成了"残暴杀戮"的集体无意识。这一点从元朝政治制度及农民起义中频繁发生的屠城事件就可以看出。而集体无意识对个人的影响是巨大的，如鲁迅笔下的祥林嫂就是"封建社会"下形成的集体无意识的牺牲品。同样的，残暴杀戮的社会下所形成的集体无意识也对朱元璋产生了巨大影响，他在起义时的残酷、在晚期打压权臣时的惨无人道都是很好的印证。

除了残忍，朱元璋还是一个极度自卑的人。他一生的痛点，除了长相，还有文化。朱元璋出生于一个极度贫苦的家庭，"取草之可茹者杂米以炊"[1]，

---

[1] 出自《明太祖实录》。

从小放牛导致没有受到过系统的诗书教育。父母早亡，为糊口做过游方僧，天下大乱时又被迫落草为寇，在底层社会受尽欺凌。他没有机会接受系统的教育，不可能把苦难身世演变为改造社会、普济天下苍生的动力。相反，因为自己草根出身、学问不多，使得朱元璋一直对此讳莫如深。由于出身带来的自卑感作祟，朱元璋极力想卖弄出身，然而其父亲、祖父都是佃农，没有显赫的出身可以夸耀。于是，朱元璋索性就强调自己是没有根基的，不是靠先人基业起家，在口头上、文字上，一开口、一动笔，总要插进"朕本淮右布衣"，或者"江左布衣"，以及"匹夫""起自田亩""出身寒微"一类的话，强烈的自卑感一改常态反而表现为极度自尊。尽管他自己经常这样卖弄，却忌讳别人也如此说。在朱元璋眼里，文人杀人不见血最为可怕，他就用杀戮和"廷杖"等野蛮办法来制服文人。可他越是残暴虐杀，更多文人对他这个和尚出身、靠造反起家的乞丐皇帝就越是鄙夷，拒绝与其合作。朱元璋对不愿与自己合作的人绝不放过，还特别制定了一条法律："率土之滨，莫非王臣。寰中士大夫不为君用，是自外其教者，诛其身而灭其家，不为之过。"[1]据明史专家吴晗统计，仅洪武朝因"文字狱"和"征召不就"就先后杀过十多万士人，开创了自秦始皇以来历代皇帝因"文字狱"杀人之最。

朱元璋一生最大的争议在于对功臣的处置上。从国家稳定的角度来说，处理功臣宿将确实有必要，但是否需要采用杀戮的方式则有待考虑，毕竟有汉光武帝和宋太祖等善待功臣成功过渡的榜样在前。所以，对朱元璋来说，应该有更好的处理功臣的方式。虽然有由于历史局限导致的认识不足，但他的很多做法确实值得商榷。然而，作为开国皇帝，朱元璋为明朝创立了诸多的典章制度，涉及政治、经济和文化等各个领域，奠定了明朝将近三百年的基调。无论争议多大，我们都应该承认他的出发点大多数时候并不坏。而且，

---

[1] 张廷玉，等. 二十五史：明史 刑法志. 上海：上海古籍出版社，1986.

再大的争议也无法掩盖他所创下的功绩，无法掩盖他的勤政和爱民。并且，除去个人特性，其所处的时代背景、社会事件对他的影响也是很重要的。

四、孤独的灵魂

殉葬制度是至少六千年前就开始出现的惨无人道的制度，高度彰显了人与人之间的不平等性。活人殉葬制度在秦始皇死后达到高潮，汉时虽偶尔有之，但最终被废。时光穿越千年，到明朝时，这一惨无人道的制度竟然死灰复燃，被朱元璋"复活了"。到底是什么原因使朱元璋做出这一决定，其背后的心理动因又是什么？

殉葬制度始于何时，目前已不可考。但考古发现，早在大汶口文化时期（公元前4500—公元前2500年）、龙山文化时期（公元前2600—公元前2000年）、齐家文化时期（公元前2000—公元前1600年）就有人殉痕迹，也就是说，早在母系社会就存在人殉现象，只不过还没有形成制度。国家产生以后，人殉现象不但没有停止，反而变本加厉。商周时期人殉达到顶峰，有大量的殉葬遗迹被发现。殉葬者多是死者的妻妾及亲近的奴仆、武士，甚至是未成年的儿童。秦始皇是殉葬制度的忠实爱好者，这位千古一帝，除了统一六国，最大的爱好就是研究如何长生不老，死后殉葬的人数也创造了当时的纪录。秦始皇去世后，"先帝后宫非有子者，出焉不宜，皆令从死"。后世估算，包括殉葬的工匠在内得有万人之多。

汉代以后人殉制度日渐式微，至唐时便很少发生。然而，元、明、清三代，人殉，这一罪孽邪恶的制度死灰复燃，又流行了近七百年。在元朝时期就有殉葬制度，而明朝建立以后，朱元璋开明朝殉葬先例，"初，太祖崩，宫人多从死者。……散骑带刀舍人进千百户，带俸世袭，人谓之'太祖朝天女户'"[1]。《明会典》记载:"太祖四十妃嫔,惟二妃葬陵之东西,余俱从葬。"朱元璋死后,有 40 名嫔妃殉葬,其后继承的皇帝,明成祖朱棣、明仁宗朱高炽、明宣宗朱瞻基[2]、景泰帝朱祁钰及朱明王朝的王爷们都崇尚殉葬。史载明英宗病重,"口占遗命,定后妃名分,勿以嫔御殉葬,凡四事,付阁臣润色"。也就是说,直到明英宗朱祁镇去世前,这种殉葬制度才正式被废止。

贫苦出身的朱元璋目睹了亲人的去世,何尝不知道生离死别之痛,为何还要重开这样的恶例呢?

首先我们要知道,殉葬制度是建立在封建迷信的基础上的。古时人们相信死后会在另一个世界生存,因此才会出现陪葬品、祭拜等传统。从这一点出发我们可以认为,殉葬制度就是把殉葬者作为死者的附属品,因此自然要跟随死者去往下一个世界。况且朱元璋本就在乡间长大,自身没有接受过良好的教育,这些封建思想很容易在他的内心扎根。

明朝的前身是蒙古人统治下的元朝,是实行殉葬制度的。史载成吉思汗死后,挑选了 40 名出身于异密和那颜家族的女儿,用珠玉、首饰、美袍打扮,穿上贵重衣服,与良马一道,被打发去陪伴成吉思汗之灵。也就是说,在明朝建立前的元朝时期,殉葬制度就已经开始盛行了。不仅在王公贵族之间实行殉葬制度,还大肆鼓励民间的殉葬行为。例如:"顺德马奔妻胡闰奴、真定民妻周氏、冀宁民妻魏益红以夫死自缢殉葬,并旌其门。""大宁和众县

---

[1] 朝天女户:明朝的嫔妃虽然殉葬,但还不同夏商周时期的殉死。她们死后,朝廷会给她们一些殊荣,对本人"追赠谥号,表彰其行",可以因殉葬而"名留青史",其亲属可以得到一些实惠,封个可以世袭的官职,被称为"朝天女户",这比商周时的奴隶白白死亡,总算有了一些"用生命换来的回报"。明宫词有诗叹曰:"掖廷供奉已多年,恩泽常忧雨露偏。龙驭上宾初进爵,可怜女户尽朝天。"
[2] 明宣宗的一位嫔妃郭爱,进宫不到一月,连宣宗的面也没有见过就赶上了殉葬,作诗悲曰:"修短有数兮,不足较也。生而如梦兮,死则觉也。先吾亲而归兮,惭予之失孝也。心凄凄而不能已兮,是则可悼也。"其悲愤之情溢于言表。

何千妻柏都赛儿，夫亡以身殉葬，旌其门。"[1]这使得整个元朝形成了一种崇尚殉葬的丧葬文化，且在平民中殉葬者基本是妻妾，而根据荣格的集体无意识理论，在这种背景下形成的殉葬制度使个体存在让妻子殉葬的无意识。本是平民的朱元璋登上皇位后，便具备了随意选择他人来殉葬的资源与权力。因此，朱元璋重启殉葬制度的原因之一是受到了集体无意识的牵引。

抛开大环境，我们再从朱元璋自身找找原因。从小漂泊不定、贫寒窘迫的朱元璋，其童年期一直处于社会底层，不仅在物质上处于匮乏状态，在精神上也是如此。在未进入皇觉寺之前，他一直是地主家的放牛郎，但即使出家后也饱受欺凌，流浪的三年里更是孤苦伶仃、无依无靠。因此，朱元璋青年期的最大感受就是孤独感和不安全感。这种安全感的缺失是否需要以强烈的控制欲和更多的陪伴来进行补偿呢？在朱元璋即位后，除了始终相依相伴的马皇后，单单被朱元璋册立的妃子就至少有40名。《国榷》记载，有昭敬充妃胡氏、成穆贵妃孙氏、淑妃李氏、安妃郑氏、庄清安荣惠妃崔氏等。朱元璋在世时，对待后宫的女性十分残忍，为了防止她们红杏出墙，就像制造太监一样对待她们。《耳谈》记载："于牝去其筋，如制马、豕之类，使欲火消减。"甚至对浣衣院的妇人也非常残忍。《纪事录》记载："上疑其通外，将妇女五千余人，俱剥皮贮草以示众。"我们不敢确定这些记载一定是事实，但是细细品味这些记载及前面提到的其晚年对待大臣的手段可以看出，朱元璋是一个控制欲极强的统治者。在十分重视身后之事的古代，人们十分注重死时的陪葬，尤其是达官贵人。对朱元璋来说，控制、继续占有这些女人最好的方法就是让她们陪自己一起到下一个世界。

虽然朱元璋对后宫的妃嫔十分残忍，但他对待一个女人是非常好的——皇后马氏。马皇后是在朱元璋加入红巾军期间成为他妻子的，此后一直陪伴

---

[1] 宋濂，赵埙，王祎. 元史. 北京：中华书局，1976.

在朱元璋身边，不离不弃，陪伴朱元璋度过了很多困难时刻。在朱元璋建立明朝之后勤勤恳恳打理后宫，母仪天下。因此，朱元璋对马皇后的感情是深厚且独特的。而对后宫的其他女人，朱元璋则完全视之如草芥。朱元璋自诩只好读书，刘伯温也说他"无色之好，无游畋耽乐之从"，读书时"聚精会神，凝思至道"。他之所以广纳妃嫔，很大可能只是为了尽可能多地繁衍后代，把自己从孤身一人繁衍成一个枝繁叶茂的大家族。

根据心理学的生命史理论，所有生物都会面临一个根本性的挑战，即如何在生存和繁衍后代之间成功地分配时间、资源和精力，这一理论的基本逻辑和假设为：早期的社会经验为个体提供了生存环境的线索，个体据此形成和调整其关于资源分配策略的发展模式，从而更有效地适应环境。具体来说，童年社会经济地位较低、资源较匮乏的个体会选择使用"快策略"，将更多的资源投到增加后代数量上去；而童年社会经济地位较高、资源较充足的个体会选择使用"慢策略"，将更多的资源投入提升后代质量上去。从朱元璋的身世背景来看，他更有可能选择"快策略"来适应生活环境，因此会将更多的资源放在增加后代数量上。这也就不难解释，为何朱元璋对待自己的妃子会如此冷酷残忍，很大原因就是他童年的经历对其生存策略选择产生了影响，使他将后宫的女子只视为繁衍后代的工具，所以在死后自然也要让她们继续为自己"服务"。

综上所述，朱元璋重启殉葬制度，除了当时社会环境与元朝风气的影响，还与他童年经历导致的不安全感、强控制欲和"快生命策略"有关。

五、启示

"天将降大任于斯人也，必先苦其心志，劳其筋骨，饿其体肤，空乏其身，行拂乱其所为，所以动心忍性，曾益其所不能。"（《孟子·告子下》）从牧童到和尚，从和尚到士兵，从士兵到坐镇一方的军事统帅，从军事统帅到君临天下的一代帝王，这一系列在世人看来根本不可能的角色转变在朱元璋身上变成了现实。而朱元璋的功绩也可圈可点，从统一中国到与民休养生息，从澄清吏治到倡导俭朴……凡此种种，无不说明他是一位勤政爱民的好皇帝。虽然朱元璋并不是一个完人，也犯下了很多错误，比如，大肆屠戮开国功臣，用八股文扼杀儒士和文人思想……但是，今天我们仍然可以从朱元璋的生涯转变中得到许多启示。本文主要从"心态"这个角度出发，来谈一谈坚持性、学习和"归零"这三者对于个人生涯发展的重大影响。

"有志者，事竟成，破釜沉舟，百二秦关终属楚；苦心人，天不负，卧薪尝胆，三千越甲可吞吴。"这是蒲松龄用来盛赞项羽和勾践的一副对联，其实，借用这副对联来赞誉大明开国皇帝朱元璋也是非常贴切的。在很多资料中，一提到朱元璋的创业之路，往往是寥寥数语、一笔带过。然而，当年的朱元璋离开皇觉寺参加红巾军后直到建立明朝，其间的艰难与风险可想而知。为了实现自己的目标，朱元璋必须具有破釜沉舟的勇气和卧薪尝胆的韧劲，而此后的事实也证明，这股力量最终支撑朱元璋一路走了下来，从普通的士兵到将领再到皇帝，他最终达到了生涯目标。

剖析朱元璋的这段经历，从拿起武器到成为一国之君，这一历程开始于拿起武器这样的小事，但是中间受到了各种挫折，如缺少支持、经历战败等，这可能会使朱元璋知难而退；此外还会受到大量的诱惑，如成为将领、建立家庭，这很可能会使朱元璋止步不前，安于当下。但朱元璋攻克了这些困难，并实现了目标。实际上，所有复杂的事情都是由一件件简单的小事组成的。我们首先要走出第一步，接下来需要克服困难、抵抗诱惑，这样才能获得相应的回报。总而言之，坚定目标、坚持对目标的追求是支撑我们接近生涯目标的重要力量，坚持性是影响生涯发展的重要因素。

台湾著名作家罗兰说过："成年人慢慢被时代淘汰的原因，不是年龄的增长，而是学习热忱的减退。"学习对于生涯发展的影响有多大呢？我们可以从朱元璋的生涯历程进行分析。不可否认，朱元璋学习的起点很低，但他十分好学，对待儒士的态度也很恭敬，他身边不乏饱学之士，如冯国胜、陶安、刘基、朱升等。随着这批儒雅之士进入朱元璋的智囊团，朱元璋在与这些人谈古论今、分析时势时，也受到了"润物细无声"的熏陶。同时，在这一过程中，他也提升了个人素质，开阔了自己的眼界。更为重要的是，朱元璋在学习上非常自觉，即使在马上打天下的战争年代，他也总是争分夺秒地读书。这种可贵的学习习惯在建立明朝后也没有改变。明朝建立后，朱元璋特意命人在奉天门旁建立文渊阁，专门收藏经史子集，并且设置若干名大学士在那里长期研究各种文化典籍。他自己则经常御驾亲临，"命诸儒进经史，躬自批阅，终日忘倦"。朱元璋尤其喜欢读史书，留意总结历代兴亡的经验教训，并时常引以为戒。经过多年的自学，他的文化水平有了很大的提高。

从上面的史实中我们可以看出，朱元璋的高明之处就在于他敢于正视自己读书不多的现实，且始终保持学习的心态并付诸行动。经过天长日久的积累，他不仅熟读史书，而且还能写出不错的文章。他这种学习的自觉性很值得我们学习。假如朱元璋不坚持学习，也许他也能成为一个不错的军事统帅，但是绝对不会成为虽有争议却政绩卓著的帝王。因此，无论在什么时代，人们都应该随时注意为自己补充知识，使自己成为一个有素养的人。

学习的过程有时候就是一种自我折磨的过程，所以有些人把学习视为畏途，能躲就躲。可是，在如今这样一个知识经济的时代，知识的更新换代可谓日新月异，如果放弃学习，那就等于每天都在落后于时代。这种落后也许在短期内不会对个人造成太大妨碍，但是久而久之，个体的生涯发展可能会变得越来越艰难，因为总是有新问题出现而得不到解决。综上，学习是个体不断提升自我以使自身的生涯道路更加通畅的重要手段。

最后，我们来说一说"归零"心理。所谓"归零"就是指将已取得的成绩、已达到的位置视为零点。为什么要强调这一点？当我们以"归零"的心态提醒自己戒骄戒躁时，那么我们的下一个起点就是零。对于一个起点为零的人来说，摆在他面前的选择只能是如履薄冰地做好每一件事。此外，"归零"的心态也在很大程度上反映出了个体的眼界。如果一个人纠结于眼前利益和得失，不以平和之心去看待它们，那么他往往会因此而忽视更多的机会，这是不利于生涯发展的。这种"归零"心态在朱元璋的生涯发展中也有所体现。朱元璋参加郭子兴领导的红巾军后，便一直以"归零"的心态来做好自己认为值得做的事情。他能够冷静面对自己的每一点进步，并且从来不去背负自己的进步带给自己的盛名之累。在参军仅仅两个多月后，朱元璋就因作战勇猛而被提升为九夫长。对于普通的农民士兵来说，能够管理九个人已经算是一个不小的进步了。可是朱元璋一直保持着冷静的心态，他没有过于看重自己所获得的肯定，而是一如既往地尽职敬业，这是他取得郭子兴信任的重要原因。最后，他不仅在郭子兴的介绍下建立了家庭，还成功接替了郭子兴的位置，这是他生涯发展中的重大事件。

"一千个读者眼中就会有一千个哈姆雷特"。朱元璋曲折的生涯发展历史蕴含了许多值得借鉴的经验，不同的人从中得到的启发也有所不同。最终我们的生涯发展如何还会受到许多因素的影响，如先天条件、生活环境、社会事件、学习经验和特殊技能等。我们要正视自己的能力与条件，并依此做好生涯规划，为自己生涯目标的实现而坚持努力。

参考文献

[1]陈平其.朱元璋反贪的历史启示[J].湖湘论坛,2004(02):39-41.

[2] 高辉. 朱元璋嗜杀的心理动因[J]. 绵阳师范学院学报, 2013(03): 95-97, 110.

[4] 黄冕堂, 刘锋. 朱元璋评传.[M]. 南京: 南京大学出版社, 1998.

[5] 林崇德. 发展心理学[M]. 北京: 人民教育出版社, 1995.

[6] 吕景琳. 朱元璋的生活历程和性格心理的变迁[A]// 中国明史学会. 第六届明史国际学术讨论会论文集[C].1995: 417-432.

[7] 毛佩琦. 朱元璋的平民情结[J]. 人民论坛, 2006(24): 62-63.

[8] 孙正容. 朱元璋系年要录[M]. 杭州: 浙江人民出版社, 1983.

[9] 吴晗. 朱元璋传: 第2版[M]. 天津: 百花文艺出版社, 2008.

[10] 夏于全. 朱元璋: 从放牛娃到富有天下的创业启示录[M]. 北京: 中国三峡出版社, 2007.

[11] 杨天保. 朱元璋廉政救荒述评[J]. 玉林师范学院学报, 2002(02): 35-38.

[12] 郑雪. 人格心理学[M]. 广州: 暨南大学出版社, 2001.

[13] 张显清. 明太祖朱元璋社会理想、治国方略及治国实践论纲[J]. 明史研究, 2007(00): 6-44.

[14] GRISKEVICIUS V, ACKERMAN J M, CANTU S M, et al. When the economy falters, do people spend or save? Responses to resource scarcity depend on childhood environments. [J]. Psychol , 2013 , 24(2): 197-205.

[15] GRISKEVICIUS V,DELTON A W, ROBERTSON T E, TYBUR J M. Environmental contingency in life history strategies: the influence of mortality and socioeconomic status on reproductive timing[J]. Journal of Personality & Social Psychology, 2011, 100(2): 241-254.

[16] HUANG B, XU H. Understand Guanxi practice in Chinese organizations through Maslow's hierarchy of needs theory[C]//2012 International Conference on Information Management, Innovation Management and Industrial Engineering. IEEE, 2012, 2: 214-218.

阅尽繁华荣辱的"北狩"皇帝
——明英宗

一、引言

明英宗朱祁镇生于宣德二年（1427年），出生四个月后即被立为太子，是明朝第六任和第八任皇帝（1435—1449年、1457—1464年两次在位）。第一次即位称帝时年仅九岁，年号正统。国事全由太皇太后张氏（诚孝昭皇后）把持，贤臣"三杨"主政。随着张氏驾崩、三杨去世，宠信宦官王振，导致宦官专权。正统十四年（1449年）八月，蒙古瓦剌部首领也先率军攻打明境，朱祁镇御驾亲征，遭遇"土木堡之变"。慌乱之中，朱祁镇被瓦剌军队俘虏，成了瓦剌领袖也先用以与明朝交涉的筹码。明朝北部边境的守将们顶着抗旨的危险，坚决不向裹挟着英宗皇帝而来的瓦剌军队妥协。当也先挟着英宗皇帝来到北京城下时，京城的政治格局已发生改变。朱祁镇的弟弟朱祁钰已即位成为新皇帝。也先手中的英宗虽被尊为太上皇，但还是成了无关大局的筹码。兵部尚书于谦，将北京的城防布置得很严密。也先见无隙可乘，只得带着英宗返回草原。朱祁镇在漠北地区生活了一年时间，经过明、蒙双方使者的不断努力和艰难交涉后，瓦剌无奈之下释放了英宗。随即，景泰帝将他软禁于南宫，一锁就是七年。景泰八年（1457年），曹吉祥、石亨等人发动"夺门之变"，英宗复位称帝，改元天顺，复位后虽大赏功臣，打击异己，导致曹、石专政，但其间励精图治，多施善举，临终遗命废除殉葬陋习。天顺八年（1464年）病逝，庙号英宗，葬于明十三陵之裕陵。

这位本该按历史逻辑成为"守成之君"的皇帝为什么要做出御驾亲征这种不理智的决策?"北狩""南宫"期间的经历,朱祁镇诸多身份的转变对其前后政治上的行为变化起到了什么样的作用?这两个疑问虽有研究者从史学视角对其进行了探究,所给出的答案在一定程度上也能答疑解惑,但总不尽如人意。那么,能否尝试从心理传记学的视角对其进行解读,挖掘其背后的原因呢?心理传记学就是在传主生平资料的基础上提出"悬疑性问题",之后运用心理学的理论和方法,从相关资料中寻找突破口,对"悬疑性问题"进行解释,进而了解传主生命发展历程的研究方法。这种研究方法不同于传统的量化研究,不为追求统计上的显著性,而是更多关注个体心理的发展变化,以还原"人"的真实面目。

本文将采用心理传记学的研究方法,从心理传记学的角度来分析以上两个悬疑性问题,以探究阅尽繁华荣辱的"北狩"皇帝朱祁镇的一生。此外,本文还试图借助探索朱祁镇的生命故事去理解我们自己,并从中得到对自己将来职业生涯规划的启示与思考。

二、悬疑重重

(一)悬疑一:"守成之君"因何为瓦剌做出御驾亲征的不理智决策?

《明英宗实录》提到:英宗不足十岁便即位,虽得悉心教导,终究未去孩童贪玩本性,而张后、"三杨"于幼主,则是教条有加,实练不足,只冀英宗做一守成之君,无太多新颖之处。由此我们可以发现,朱祁镇九岁登基,以其能力难以担当管理大明帝国的重任。明宣宗朱瞻基为其留下了近乎万全的辅佐班子,由内阁大臣杨士奇、杨溥、杨荣辅佐——这就是著名的"三杨"内阁,同时让太皇太后决断国事,这些是朱瞻基留给儿子的最重要的政治遗产。因此,这位不足十岁的幼帝在即位初始就被要求开经筵讲学,史载"每月初二、十二、二十二会讲直殿，先读书，次读经，或读史，每伴读十数遍"。自正统元年二月为始，除盛夏严冬外，每月逢二必行，风雨无阻。这样一刻不曾懈怠、本该按历史逻辑成为"守成之君"的朱祁镇为什么会做出御驾亲征这样明显不理智的决策呢？这虽是造成朱祁镇跌宕起伏的一生的起点，但其决策背后的动机才是重大疑点，值得我们从心理学的角度去深入分析。

（二）悬疑二：从正统到天顺，"北狩""南宫"经历如何使明英宗行事大相径庭？

正统十四年（1449年），英宗亲征瓦剌，兵败土木堡，被掳至漠北，"北狩"一年，之后南归，被其弟囚居南宫七年，1457年"夺门"复位，再度君临天下。复位后的英宗，已非当年的少年天子，朱祁镇和围绕着他的前前后后，被历史选择成了大明王朝的转折点。历经土木堡惨变、漠北风雪、"南宫"囚居，可谓"艰难险阻，俱尝之矣，人之情伪，恶知之矣"。此时的英宗皇权心态异常敏感，不再懵懂而愈发老成，大力排除异己，后又励精图治，多施善举，多了些许念情与仁性。在天顺年间，英宗对物质享受，较之诸前，已有很大不同。"既能进膳，饮食随分，未尝拣择去取，衣服亦随宜，虽着布衣，人不以为非天子也"；之前听信谗言，不询群臣，以致遭遇土木堡之祸。而此时的英宗，"凡事不肯轻易即出，必召问其可否"；八年囚徒生活，让朱祁镇对民力之艰辛有了新的认识，他复位之初，即下诏："吾当体天以行，处人心好善而恶恶，吾当顺人以正名"，轻徭薄赋为史官赞叹。明朝的陈建在《皇明通纪》中指出："伏观英宗，以一人之身，而天顺中行事，与正统中大径庭，何故？盖因北狩、南宫之过往。"朱祁镇经历了从作为皇帝被俘，到被迫尊为太上皇成了无关大局的筹码，到重返大明皇宫成为囚禁在南宫受兄弟排挤和忌惮的存在，再到复辟成功，再度君临天下这样多次身份的转换。可见"北狩""南宫"期间，无疑是朱祁镇成长过程中的重要转折阶段。

三、基于悬疑一的心理传记学视角分析

（一）早期经验——毫无悬念的守成之君

按照精神分析心理学的观点，个体早年经验在很大程度上决定着个体未来的人格，而人格又决定着个体在具体情境下的行为决策。这样看来，朱祁镇不理智决策的行为可以通过其早期经验得到解释。

1. 过分确定的成长环境——追求冒险的人格

《明史·英宗本纪》记载："英宗法天立道仁明诚敬昭文宪武至德广孝睿皇帝，讳祁镇，宣宗长子也。母贵妃孙氏。生四月，立为皇太子，遂册贵妃为皇后。"所以，皇长子朱祁镇以"嫡长子、皇太子"的身份，由祖母太皇太后张氏扶持，于正月初九正式即位，以明年为正统元年，朱祁镇即大明第六代皇帝——明英宗。由此可知，朱祁镇出生后仅四个月就已经被确立为大明王朝未来的接班人，九岁便正式继承皇位，其未来的生活环境也相应被固定下来。作为大明王朝的唯一主人，终日生活在皇宫大内，言行起居有着种种清规戒律，辅政大臣也千方百计约束他的自由，过于安稳的人生似乎可以一眼望到底。舒跃育指出，早年过分确定的生活环境，可能会让个体更加倾向于追求冒险。可以想见，朱祁镇的正统身份让其有着十足的安全感，但由于过于确定的成长环境和过于明确的生活方式，使其找不到对未来的控制感，因此这样的生活风格促进了他冒险型人格的形成，即期望通过寻求冒险来找到自己的价值和归属感，从而达到对自己人生进行掌控的目的。

2. 过度的教养方式 —— 一意孤行的自我意识

明英宗即位伊始，杨士奇即上《请开经筵疏》，希望英宗能在处理完宣宗的丧事之后即开经筵讲学，"伏望山陵毕日，开经筵故事甚速，如此早开经筵以进圣学，臣等深切倦倦之至"。不谙世事的幼帝朱祁镇只能采纳这种

建议。据记载,"经筵进讲之日,殿中设御座,御座之南设金鹤香炉左右各一,香炉之东稍南设御案,御案之南稍东设讲案。御案、讲案上各置讲章,镇以金尺。至期,知经筵事勋臣、同知经筵事阁臣、讲官暨九卿、鸿胪、锦衣指挥使及四品以上的写讲章官皆穿绣金绯袍,展书翰林官与侍仪御史、给事中等穿青色绣袍,肃立文华门外;二十八位大汉将军手执金瓜开路,导引小皇帝祁镇至左顺门,易冠服后,祁镇升文华殿前殿御座。诸臣由东西二门分别入殿行礼,各入班列"。

经筵进讲的内容都选自四书和经义,这对一个九岁的孩子来说,无疑太过艰涩玄妙了,显然是一种"过度教养"。2009年,美国《时代》周刊长文报道了"过度教养"(Over parenting),即由于父母对孩子当下和未来的个人成就有着严格的要求,而过度卷入孩子生活的现象。就算朱祁镇是一心向学的孩子,这种讲章也不适合他的年龄。由于父亲早逝,他不得不被要求过早担负起不应承担的责任。朱迪思·洛克(Judith Y.Locke)的研究认为,过度教养会对孩子的心理造成不利影响,如对很多事情感到"理所应当",有时显得不可一世,并且由于背负"成就的压力"而感到焦虑。晦涩难懂的经筵进讲和经筵仪式的繁文缛节,早已使朱祁镇的童心难以消受了,因此这种仪式只能让朱祁镇形成一种傲慢的、一意孤行的自我意识,这种竭力突出唯天子一人独尊的繁文缛节,也培植了他唯我独尊、唯我为是的优越心理。

(二)对父亲的认同——"敢亲总六师往征其罪乎?"

朱祁镇是明宣宗朱瞻基的嫡长子,生于宣德二年(1427年)十一月十一日,在次年二月初六日便被立为皇太子。据记载,幼小的朱祁镇脑袋特别大,"龙颜魁硕,迥异常伦",戴的帽子都比平常人尺码要大。在他刚学会说话时,父亲朱瞻基便将他抱到膝上问道:"他日为天子,能令天下太平乎?"小朱祁镇应声答道:"能。"朱瞻基又问:"有干国之纪者,敢亲总六师往征其罪乎？"小朱祁镇回答说："敢。"

根据弗洛伊德人格发展五阶段的划分，此时的朱祁镇正是人格发展的第三个阶段——性器期。此时期的儿童受本我的驱动，开始依恋异性父母并对同性父母心存嫉妒，即男孩此时会产生俄狄浦斯情结（恋母情结），女孩会产生厄勒克特拉情结（恋父情结）。那应该如何解决儿童的乱伦欲望引起的困境？依据弗洛伊德的观点，男孩通过对父亲的认同接受其价值观，从而形成"超我"并走出恋母情结困境；女孩亦通过对母亲的认同克服自己的厄勒克特拉情结（恋父情结）。根据这种观点，朱祁镇正是接受了父亲的这种价值观，对父亲产生了认同，也想像父祖们那样立下赫赫战功，因而才会萌发出"文皇自征瓦剌狄夷以易兴，而宣宗自将待边，又所亲见者耶"的想法。

（三）认同对象的转变——宠信宦官王振，受其怂恿

明朝皇子（尤其是要立为太子的皇长子）出生后，不能同其生母（尤其是妃嫔宫人所生的皇子）生活在一起，而是由专门征自民间的乳媪哺育，由专门的宫人和宦官服侍。因此，他们容易对这些实际意义上的抚养人产生依恋。所谓依恋，一般被定义为幼儿和他的照顾者（一般为父母亲）之间存在的一种特殊的感情关系。英宗之所以视王振如翁父，就是这种依恋形成的结果，因而"每呼为先生而不名，所言无不从"。

明英宗在敕文中说王振："昔在皇曾祖时，特以内臣选拔事我皇祖，深见眷爱，教以诗书，玉成令器。"可见王振是有些才能的，不然也不会被朱祁镇皇祖"深见眷爱"。英宗对王振是既尊敬又害怕，即使即位后仍是如此。一次，英宗正在与小臣们玩击球游戏，看到王振到来都停止了游戏。王振向英宗跪奏："先皇帝为一子几误天下，陛下复蹈其好，如社稷何？"英宗听闻之后"愧无所容"。父亲朱瞻基早逝，朱祁镇一时间缺失了认同对象。随着青春期的到来，朱祁镇的自我意识开始觉醒，挣脱权威的他开始探索自己

的未来方向。由于自我意识的发展,使他不得不把"过去的我"和"现在的我"进行整合,而在此过程中,身边出现的一些人在潜移默化中影响着他,而王振就是这些人中最重要的一个。这也就解释了为什么朱祁镇会对王振宠信有加,任其专权,即使后来由于王振决策不当导致朱祁镇被俘,"乃复辟而后,又追念不已,抑何其惑溺之深也",可见王振对朱祁镇的影响是长久而深远的。

心理学家埃里克森将人的一生分为八个阶段,认为每一阶段都有重要的心理发展任务,其中第五个阶段出现在 13~20 岁。这个阶段是个体从童年期向青年期发展的过渡阶段,主要任务是形成"自我同一性"。总体来讲,同一性是个体心理上的一致感和连续感,它是个体在过去知识经验的基础上,在时间上对过去的"我"、现在的"我"和将来的"我"的一种整合,在空间上对过去零碎自我印象的整合,同时,也是对"我想成为什么样的人"和"社会允许我成为什么样的人"的整合。19 岁的朱祁镇,从少年天子长成热血青年,正是意气风发、想有一番作为的时候。在这种情况下,他需要一个认同并以此建立起强大自我的榜样,而王振就为他提供了这个榜样。这个时期,瓦剌部也先大举入侵,军情吃紧的消息传到京城,"太监王振劝上亲征",这恰恰满足了朱祁镇想要建功立业的欲望。同时,朱祁镇是以王振这个心理意义上的父亲为认同对象,并逐步稳固自我认同感的。因此,正统十四年(1449 年),22 岁的朱祁镇受到王振的怂恿,不顾满朝文武的劝阻,一意孤行,率 50 万大军亲征瓦剌部也先。

四、基于悬疑二的心理传记学视角分析

(一) 难以消逝的自卑感——打击异己,冤杀于谦

自卑感是个体心理学的一个基本概念。阿德勒认为,当个体面对困难情景时会产生一种无法达成目标的无力感和无助感,对自己所具备的条件、作

为和表现感到失望或不满，对自我存在缺乏价值感，对生活环境缺乏安全感，对自己想做的事不敢肯定，这就是自卑感。从正统皇帝到异族俘虏再到重掌皇权，多重身份的转变对朱祁镇的心理产生了强烈冲击，经历拥有—失去—再拥有的曲折反复之后，对于至尊至贵的帝王而言，这种种事件使得坐在龙椅之上的朱祁镇在内心深处产生了强烈的自卑感。

"土木堡之变"是朱祁镇一生的痛，突然从权力巅峰上摔下来，任谁都难以承受。亲征之际，朱祁镇幻想"立不世奇功，为万邦所服"。但理想丰满，现实骨感，未及构想，英宗已成俘虏。皇帝被俘，已是丢尽颜面的事情，然而苦难才刚刚开始。此时京城的政治格局也已发生变化，弟弟朱祁钰即位，成为新皇帝，而朱祁镇自己则变成了无关紧要的"太上皇"。当被作为筹码索要赎金时，先是边城守将闭门不纳，英宗一声声"朕太上皇帝也"，得到的回复却是"臣奉命守城，不敢擅开闭"，及至后来，朱祁镇接受了被抛弃的现实，"愿看守祖宗陵寝，或做百姓也好"，可事实是："弟不愿兄归，弟恐兄归！"虽然几经磨难终得回京，但等待英宗的却是七年的"南宫"囚禁生活。失去皇权的英宗，几近人人可欺。正是如此，朱祁镇明白了，帝王权斗只有输赢，没有和解的可能。

阿德勒认为，自卑感源于个体生活中所有不完满或不理想的感觉，并且这种自卑感是行为产生和发展的最原始的决定力量。由于自卑感总是造成紧张，因此争取优越感的补偿行为也会同时出现。因此"夺门"期间，英宗以残存的皇权，为自己争来了久违的荣耀和尊严。"入大内，门者呵止之，上皇曰：'吾太上皇也。'门者不敢御，众掖升奉天殿，武士以爪击有贞，上皇叱之，乃止。""北狩""南宫"是朱祁镇心中无法褪去的耻辱与自卑，他不允许任何人去揭疤，而绝对的皇权可以为他披上一件厚实的外衣，以此掩饰那道伤疤，从而隐藏心中的自卑感和恐惧感。因而复辟之后的第二日，英宗就下令逮捕少保于谦、王文，学士陈循、萧鎡、商辂，尚书俞士悦、江渊，都督范广，太监王诚、舒良、王勤、张玉下狱。对这些曾在他落难时欺辱过他的人的惩罚，是其皇权绝对威力的彰显和追求优越感的体现。只有通过这种形式，才能让朱祁镇的自卑感得到补偿。

在所有被英宗迫害的大臣中，最冤的莫过于抗元英雄于谦。"夺门"前夕，孙太后遣曹吉祥探询于谦，谦曰："失国之君，得罪祖宗神灵，恐难以表率天下后世。"复问沂王复储，谦曰："已被废黜，不能回复。"这无疑是揭开了朱祁镇"北狩""南宫"时耻辱与自卑的伤疤，以致后来于谦被构陷迎立外藩时，本来念其有功，但因石亨等人一句"不杀于谦，此举为无名"而痛下杀手。因此，英宗便在绝对的皇权占有欲中日渐迷失，通过打击异己以巩固皇权，在一定程度上对其自卑感进行了补偿。但事实证明，这种补偿并不能克服他内心的自卑。直到天顺八年（1464年），英宗对"北狩""南宫""夺门"诸类字眼仍然甚为敏感，不仅自己甚少谈及，亦不许臣子随便发表言论。其在用皇权来为自己掩饰自卑、隐藏恐惧，尽管只是止于表面。由此可见，朱祁镇因对于皇权欲望的自尊和因"北狩""南宫"经历造成的自卑感变得异常敏感，甚至到了偏执的地步。

（二） 创伤后成长——励精图治，多施善举

重新即位后的英宗虽然干了许多不得人心的事，但是比起正统年间则大有改善。

首先表现为勤政。奏章"无不亲阅"，当李贤劝其不要太过劳累的时候，英宗谕之曰："予负荷天下之重而自图安逸可乎？老一身以安兆民，予所欲也。"正如李贤所说，朱祁镇能有这样的觉悟，是"社稷苍生之福也"。

其次，是铲除奸党，收缴权力。起初，朱祁镇对于助其复辟的石亨、曹吉祥等人很是感激，但他们越来越飞扬跋扈，气焰嚣张。后来朱祁镇按照李

贤教他的办法，一方面乾纲独断，权不下移，渐渐剥夺他们的权力；另一方面，利用徐有贞、曹吉祥、石亨之间的矛盾，扫除了这帮奸佞之徒，使得天顺年间的政治更加清明。

最后是多施善举，表现在以下几个方面：一是释放建庶人。这是指建文帝的次子朱文圭，从永乐时起已被关押了五十多年，明英宗复辟不久就下旨释放。李贤称此为"尧舜之心也"。或许是"南宫"的幽禁岁月，让他对这位建庶人感同身受，将心比心，足见其仁；二是恢复胡皇后的称号。这是为父亲明宣宗补过。当时胡皇后无罪被废，很多人为之鸣不平。天顺七年（1463年），他把胡皇后另行迁葬，并上尊号曰"恭让诚顺康穆静慈章皇后"。李贤对此也称赞不已；三是废除以妃嫔殉葬的陋习。这一惨无人道的陋习由来已久，从明太祖、成祖到受封在外的诸王，都以妃嫔殉葬。可能是未及十岁时即位的朱祁镇目睹了为自己父亲殉葬的妃嫔之哀伤凄楚的情状，给自己留下了太深刻的印象，所以在弥留之际，特有此命。

研究表明，大多数创伤幸存者没有发展成创伤后应激障碍，甚至有大量的报告说，他们从这些经历中获得了成长。理查德·泰德斯奇（Richard Tedeschi）和劳伦斯·卡尔霍恩（Lawrence Calhoun）创造了"创伤后成长"（Post-Traumatic Growth，即PTG）一词来描述这一现象，并将其定义为"由于与极具挑战性的生活环境作斗争而经历的积极的心理变化"。朱祁镇随着年龄和阅历的不断增长，逐渐成熟起来，"北狩""南宫"的经历或许对他来说是一种创伤，但他能够充分探索这件事带来的思想和感受，诚如英宗自己所言："朕今在位五年矣，未尝一日忘在南城时"，并且力求改之。虽然内心深处还是积满难以释怀的自卑，但诸番心理，可为人理解，是他自身独特经历所致，因此我们不能对其求全责备，应客观看待其人性中那些闪光之处。

五、启示

朱祁镇前后在位 22 年，当初宠信宦官王振，任其专权，后来又宠信曹吉祥、石亨，政治上虽然有不足之处，但是晚年任用李贤，听信纳谏，仁俭爱民，美善行为很多，其中最为世人称赞的就是废除了殉葬制度。本文采用心理传记学的方法对这位阅尽繁华荣辱的"北狩"皇帝的传奇经历进行了探究，挖掘出他一系列行为背后的心理机制，这不仅为人们客观认识朱祁镇提供了一个全新视角，也为我们的职业生涯教育提供了启示与思考，主要表现在以下两个方面：

第一，认清自己，科学做好职业生涯规划。一个不能靠自己的能力改变命运的人是不幸的，也是可怜的，因为他们没有把命运掌握在自己手中，反而成了命运的奴隶。朱祁镇就是如此。自幼肩负重担，被寄予厚望，但他却不甘只做一个"守成之君"，而是希望像他的先祖一样立下赫赫战功。然而他却没有认清现实，更不了解自己是否适合以这样的方式来做一个皇帝。天顺年间其政治上的成熟已经证明，守成之君是适合他的选择。当初只是一味靠着自己的一腔冒险热血和对父亲价值观的片面理解来行事，不仅理想的功勋没有得到，还丢了自己的皇位，付出了惨痛的代价。因此，在职业生涯规划过程中，我们要利用好所学的知识，必要时还要借助一定的工具，如霍兰德职业兴趣量表来正确认识自己，知道自己是否适合，认清现实才能对自己的未来职业有进一步科学的规划，进而达到理性决策的目的。

第二，以发展的眼光看待职业生涯教育。我们在对他人进行职业生涯教育、引导个体进行并落实职业生涯规划时，首先，要立足于发展角度来看待一种职业和选择该职业的人，从而引导他们进行正确的职业生涯规划；其次，就皇帝这个职位来说，对于朱元璋这种开国皇帝，要做的职业规划就是建功立业；而对于朱祁镇来说，军事格局已经基本稳固，他的职业规划应该是平衡政治等各方面的格局，守住大明江山；最后，"三杨"内阁就是认识到了这一点，才会从小就将朱祁镇当作守成之君来培养。然而朱祁镇没有意识到这一点，片面理解为作为天子，只有像其先祖和父亲那样，立下赫赫战功才能体现其价值，而没有意识到这个时期的明朝正属于上升期，坐守江山才是他的职责。而就朱祁镇其人来说，虽然正统年间他在政治上的行为和决策是浅白幼稚的，但是"北狩""南宫"的经历让其成长起来。因而"南宫复辟"之后再次君临天下，其政治上的举措也老练成熟了很多。因此，我们在做职业生涯规划的同时，要将职业特性和个人特质结合起来，考虑不同时期职业和个人特点，用发展的眼光对人们进行职业教育和指导。

参考文献

[1] 陈建. 皇明通纪：上 [M]. 北京：中华书局，2008.

[2] 谷应泰. 明史纪事本末 [M]. 北京：中华书局，1977.

[3] 郭本禹，等. 潜意识的意义：精神分析心理学 上 [M]. 济南：山东教育出版社，2009.

[4] 何孝荣. 太监王振与明英宗 [J]. 南开学报（哲学社会科学版），2013(02)：65-73.

[5] 金鑫，金香淑. 创伤后成长概念及影响因素的研究进展 [J]. 科技视界，2017(25)：51-52.

[6] 李华文，王鹏. 北狩南宫之后明英宗心理变化之初探 [J]. 邢台学院学报，2016(01)：121-124.

[7] 林欢. 明英宗被俘及其在蒙地羁押期间的活动 [J]. 中国边疆民族研究，2012(00)：87-98，380.

[8] 罗仲辉. 谈迁及其《国榷》[J]. 史学史研究，1983(03)：74-80.

[9] 约瑟夫·洛斯奈. 精神分析入门 [M]. 郑泰安，译. 天津：百花文艺出版社，1987.

[10] 朱阿宝. 明英宗天顺年间政治上的成熟 [J]. 沈阳教育学院学报，2010(06)：94-96.

[11] 朱学勤. 中国皇帝皇后百传秘档：明英宗[M]. 呼和浩特：远方出版社，2005.

[12] LOCKE J Y, CAMPBELL M A, KAVANAGH D. Can a Parent Do Too Much for Their Child? An Examination By Parenting Professionals of the Concept of Overparenting[J]. Australian Journal of Guidance & Counselling, 2012, 22(2): 249-265.

人民教育家

——陶行知的"平民教育激情"

一、引言

陶行知(1891—1946年),原名文濬,后改知行,又改为行知,安徽歙县人,祖籍浙江绍兴,是一位在近现代中西方文化冲突与融合中成长起来的教育大师和中西文化交流的使者。具有高度历史使命感和社会责任感的陶行知先生以教育为武器,为中华民族的复兴和中国人民的解放艰苦卓绝地奋斗了一生。毛泽东同志称他为"伟大的人民教育家";周恩来同志称他为"党外布尔什维克";宋庆龄同志称他为"万世师表";郭沫若同志赞他为"大哉陶子";董必武称他为"当今一圣人"。在同时代人心目中享有如此盛誉的陶行知,为中国人民的教育和革命事业做出了不朽贡献,其崇高的师德与奉献精神,无愧于"万世师表",永远是人民教师学习的楷模。

(一)陶行知生平

1. 于苦难中降生

陶行知,1891年10月18日生于安徽省歙县黄潭源村,成长于清朝末年世界列强瓜分中国、农村经济衰败、国将不国、民不聊生的环境中。黄潭源村历来是个佃户村,本村佃农只能在低洼、贫瘠的田边地角开垦零星荒地。陶家世代都是自食其力的劳动者,主要靠租种地主的田地生活,家境十分贫寒。陶行知父亲名位朝,自幼勤恳老实、朴实敦厚,经营着"亨达官"酱园店,曾管过册书（田赋契约），有一定的古文功底，也在南京汇文女校做过教师。陶行知母亲曹翠仂，为人忠厚，勤劳能干，是一位慈祥的家庭妇女。二人婚后育有两女，但均幼年夭折。

陶行知出生于这个家庭最艰难的时期，父亲小本经商破产后回乡务农且体弱多病，母亲在县城教堂里做佣工。尽管夫妇二人终日操劳、精打细算，也难保全家温饱。幼年时期的陶行知一直过着艰难的日子，不仅要随父参加体力劳功，还经常挑菜进城，到教堂帮母亲干活。劳动给陶行知幼小的心灵打上了深深的烙印。即使在艰辛、贫困的日子里，陶行知也从未忘记学习，几度停学，又几度克服困难继续求学的经历，锻炼了他坚强的意志和性格。

2．抓住契机以求学

从小家境贫寒的陶行知走过了一条曲折的求学之路。

（1）旸村蒙馆的发蒙。陶行知7岁随父亲到休宁县万安镇外祖父家，在镇上吴尔宽家经馆伴读。

（2）崇一学堂求知与金陵大学问学。陶行知15岁进入歙县城内开设新学科的中学——崇一学堂读书；17岁进杭州广济医学堂，因校方歧视不入教的学生，愤而退学；1909年考入南京汇文书院预科，次年转入金陵大学中文科；1914年以第一名的成绩毕业。

（3）在美国伊利诺伊大学和哥伦比亚大学这两所名校的深造。1914夏末靠借贷赴美留学，在伊利诺伊大学学市政；1915年夏获该校政治学硕士学位；秋，入哥伦比亚大学师范学院研究教育，成为实验主义教育家杜威、孟禄的学生；1917年夏获该校都市学务总监资格文凭。

3．在危难中从教

陶行知从事平民教育过程中，先后组织、创办或参与了以下几项活动：开展平民教育运动、乡村教育运动、科学下嫁运动、小先生运动、国难教育运动；创办南京晓庄试验乡村师范、山海工学团、育才学校、社会大学。这些活动的具体内容及其意义将在下文详细介绍，此处不作赘述。

二、悬疑问题提出——为什么平民教育激情如此炽烈真诚

陶行知是前无古人的教育家，是一个时代的英雄，他炽烈真诚的平民教育激情燃烧了他的一生。陶行知和平民教育的渊源是从何而起的？其间经历了哪些考验？又有哪些建树？笔者将从陶行知的四次抉择、四次推却、教育成就三个方面对其与教育的渊源和轨迹进行论述。

（一）选择教育事业：四次抉择

作为"人民教育家"的陶行知并非初始便从事教育事业，而是经历了四次抉择，直至第四次抉择之后才确定将平民教育作为其毕生的奋斗方向。

1. 第一次抉择——从医救国

陶行知于中国最艰难混乱的时期出生，目睹了中国的贫穷落后。在医疗资源极其匮乏、庸医误人事件频发的时代，陶行知姐姐因病夭折，好友张文美等人学习医学。陶行知在这两方面因素的影响下，决定像早期的孙中山、鲁迅、郭沫若那样，确立自己的人生志向为行医以救死扶伤，一度萌生了以医学救国的念头。陶行知为行医在崇一学堂毕业后考入广济医学堂，将满腔报国之志化为良医之学。但该校是一所教会学校，对非基督徒学生在学习方面有歧视性规定，陶行知不满于这种设置，只待了三天便愤而退学。

2. 第二次抉择——文学救国

陶行知因受歧视于广济医学堂退学后，于1910年考入金陵大学堂。在五年的学习与生活中，他对文学产生了极大兴趣，并担任了《金陵光》——我国最早的大学学报的编辑。在担任编辑期间增设了中文报，并于1913—1914年间发表了多达18篇文章，涉及政治、社会、教育、医学等领域，多

切中时弊，令人深思，为金大带来一股春风。这是陶行知为实现文学救国做出的尝试。

3. 第三次抉择——政治救国

1911年武昌起义爆发，金大暂时休课。陶行知与同学积极投身于革命洪流中，并担任县议会的秘书。在民主革命思想影响下，陶行知思想进步很快，开始关心政治和国内形势，多次参与并组织学生群体支持民主革命。正是基于政治救国理想，他于1914年赴美国伊利诺伊大学深造研修政治，想通过学习政治来改变民族命运。

4. 第四次抉择——教育救国

在美留学期间，陶行知深感美国的繁荣与富强，深受进步教育运动的熏陶和影响，在认识到教育在社会进步中的关键作用及重要力量后便萌发了教育救国的思想。因此，陶行知在1915年拿到伊利诺伊大学政治学硕士学位后毅然决定去哥伦比亚大学师范学院学习教育。入读该校后，他曾明确表露教育救国的志向："我的毕业志愿是：通过教育而非武力来创建一个民主国家……我坚信，没有真正的公共教育就不可能有真正的共和国。""我回国后将与其他教育工作者合作，为我国人民建立一套有效的公共教育体制。""我要使全中国人都受到教育。"由此可见，陶行知于此萌发了教育救国的志向并使其茁壮成长。

陶行知的四次抉择都离不开"救国"这条主线，都是在当时有限的情境中选择的其认为可以拯救中国的最佳选项。纵观他的人生之旅，就其学术水平、自身条件、个人际遇来看，无论选择从政或经商，都有可能高官厚禄、衣食无忧。但他不为名利所诱，坚持自己的"正道"——"为中国教育寻觅曙光，为中国教育探获生路。"

（二）拒绝教育权力：四次推却

陶行知决心从事教育事业，但是在其从教途中却多次放弃高校或政府发来的教育职位盛邀，苦苦探寻摸索平民教育之路。

1. 第一次推却——大学教授教职

陶行知是民国初期的留学生，毕业于美国著名大学，完全有条件在大学终身从教。然而这位留洋多年的大学教授、身居高层的知名人物，却毅然决然放弃了每月五百大洋的优裕生活，脱下西装革履，穿上草鞋布衣，离开都市，走进乡村，投身平民教育和乡村教育，把"整个的心献给我们三万万四千万的农民"。

2. 第二次推却——大学校长高职

陶行知在大学当过教授，担任过教务主任、教育科（相当于今日的学院）主任和教育系主任等职。凭自身条件，当个大学校长理所当然。事实上，1924年年底，北京政府教育部就聘请他担任武昌高等师范学校（武汉大学前身）校长，但他婉言辞谢了。1928年，他的母校金陵大学又有聘他为校长之美意，他又婉转推辞，依然坚守着自己的教育阵地，甘于清贫，乐为人梯。

3. 第三次推却——教育厅长官之职

陶行知学教育出身，且富有管理才能，担任教育厅厅长定能胜任。事实上，他的行政才能早为当政者所闻。1927年，冯玉祥将军就诚聘他任河南省教育厅厅长之职，但他推却不就。时任安徽省主席的李宗仁邀请他回安徽做教育厅厅长，也被他推辞。试想，一般读书人逢此机运，莫不趋之若鹜，而陶行知则不为所动，一笑了之，这又是何等的魄力！

4. 第四次推却——总干事要职

1938年10月，他赴亚、非、欧、美宣传抗日归来，即受到蒋介石的召见并出席蒋夫人宋美龄为他主持的接风宴，再三要求他留下担任三青团总干事之要职。这对"政客教育家"来说无疑是一个绝大喜事。然而陶行知却不趋炎附势，他用极其真诚坦率而又巧妙的方式予以辞谢，依然将平民教育事业作为自己归国后事业的寄托和最大志愿！

（三）从事人民教育：毕生事业

陶行知在不到半个世纪的平民教育奋斗史中，为中国乃至世界教育界留下了宝贵的财富，他一生所组织参与的平民教育事件详见表1。

表 1　陶行知组织参与的平民教育事件表

事 件	内 容	意 义
平民教育运动	编写《平民千字课》；创办平民读书处；"活罗汉"	全国各地开展了形式多样的平民教育运动，对提高广大民众的文化素质起到了积极的促进作用
乡村教育运动	幼稚园下乡运动；师范学校下乡运动；试验乡村师范学校	为创办乡村师范学校做好了组织、思想和舆论准备，拉开了陶行知发动和领导中国乡村教育的序幕
南京晓庄试验乡村师范	创办南京晓庄师范学校；生活教育理论产生；"晓庄"推广到全国	历史上第一所乡村师范学校，是中国农村教育的实验地
科学下嫁运动	科学下嫁	让此前只传播给精英人群的科学，以生动的形式传播给了社会大众和儿童，成了中国科学传播史上的第一次积极实践
山海工学团	工学团理论；工学团创立；工学团的工学活动	工学团以"靠自己动手种地吃饭"的"真农人"为主体，通过对其进行军事、生产、科学、识字、运用民权、节制生育六大能力的培养，来改变中国农村的落后面貌
小先生运动	普及工学团教育；推行小先生制	为陶行知后来实施工学团运动提供了组织保障和思想保障，起到了有效的宣传、发动和推广作用
国难教育运动	组织国难教育社；开展国难教育运动；《团结御侮文件》；战时教育和全面教育运动	不仅对摧毁中国传统教育起了很大的革命作用，同时也为中国新教育打下了基础

续表

事　件	内　容	意　义
国民外交使节	登上国际新教育会议讲坛；开展国民外交活动；新华侨的接生婆	为抗日救国做了许多宣传组织工作，争取到了广泛的同情和支援，为祖国赢得了荣誉；使世界了解了中国，也使中国认识了世界
生活教育社	回国三愿；主持社务活动；生活教育社延安分社	以生活教育理论为指导，紧随时代变化，发起生活教育运动，推进了中国教育的现代化进程
育才学校	生活教育运动新发展；教师观；德智体美劳的全面发展观；基础知识与专业技能并重；培养创造型人才；以社会为课堂	不但在抗战时期为中国抗日救亡运动培养、输送了大量人才，也为后来新中国的文化、艺术和教育事业的建设培养了一批栋梁之材
社会大学	社会大学理论的提出；社会大学的创办；社会大学的教学活动	由民主人士创办的学校，是追求民主的大学，是实行民主管理的大学，是教育人民的大学

（四）小结

通过陶行知人生志向的四次抉择和人生际遇的四次推却可以看出，陶行知"为中国做出一番大事业来"的人生志向是何等高远！献身教育的意志是何等坚定！透过陶行知一生为平民教育事业所做的努力可以看出，陶行知在炽热激情的激发下所践行的实际工作是何等的为国为民！

三、教育激情的人格表现及其影响因素

（一）人格表现

人格精神是一种内在的主体素质，不同的人身上有不同的人格精神。陶行知的人格精神是他在艰难曲折的人生道路上，在几十年革命实践中锻造出

来的，又反过来支撑和推动着他从事改造中国社会和文化教育的伟大实践。其人格特点主要表现为以下六个方面。

1. 爱满天下的博大胸襟

陶行知热爱祖国，他认为："我是一个中国人，要为中国做出一些贡献来。""国家是大家的，爱国是个人的本分。顾亭林先生说得好：'天下兴亡，匹夫有责。'我觉得凡是脚站中国土地，嘴吃中国五谷，身穿中国衣服的，无论是男女老少，都应当爱国。"爱国必然爱民，由此，他以"爱满天下"的精神，爱平民，爱农民，爱工人，爱广大劳苦大众。"他爱人类，所以他爱中华民族，所以他爱中华民族中最多数最不幸的农人。"从爱国爱民出发，他爱教育，于是便一辈子献身教育，立志要用教育来救国救民，直至生命的最后一刻。

2. 乐于奉献的伟大情操

"捧着一颗心来，不带半根草去"，是陶行知奉献精神的生动体现。他全心全意为人民的教育事业献身："为了苦孩，甘为骆驼；于人有益，牛马也做""愿意把整个的心捧出来献给小孩"。他甘愿为抗日救国事业献身：民族危亡时，他出访26个国家宣传抗日救国，揭露日本军国主义罪行，争取国际援助；回国后倡导国难教育、战时教育，创办育才学校，收留难童，培养人才幼苗，使教育为抗日救国服务；他献身于新民主主义革命事业：自觉追随中国共产党，不但把自己的教育事业纳入革命轨道，而且全力以赴投入反独裁、争民主，反内战、争和平的斗争中。

3. 炽烈真诚的教育激情

"为人民奋斗者，血写人民史"，为了国家，为了人民，陶行知全心全意跟着中国共产党走，奋斗到最后一刻，真正做到了鞠躬尽瘁，死而后已！在世界观的自我改造、自我革命上，陶行知从"知行"观变为"行知"观，从唯心主义变为唯物主义：下农村，办乡师，践行知识分子与工农相结合；办工学团，与工农交朋友，拜工农为师……吴玉章说："回忆陶先生，我想起了他的革命精神，凡一切过去的思想、学说、理论、制度等等，都要经过理性的裁判，如有不合理，即使人人认为神圣不可侵犯的东西，他也大胆地要反对要革命……"另外，教育理论与教育实践上的大胆改革与创新，也是陶行知教育激情的重要体现。

4. 不屈不挠的刚毅品质

陶行知说："失败是成功之母，奋斗是成功之父。"他为了自己所认定的事业，甘愿脱掉西装革履，下乡办乡村师范，甘愿赤脚穿草鞋与师生同吃同住同劳动，做农民戏称的"挑粪校长"；为了事业，无论办学还是出国访问，他总是夜以继日，连续苦战，忍饥挨饿，战斗不息。周洪宇在《陶行知大传：一位文化巨人的四个世界》中写道："陶行知先生不仅是鲁迅先生所说的'中国的脊梁'那一类优秀人物，是杰出的为中华民族作了很多有益的事情的那一类埋头苦干的'脊梁人物'，而且是属于鲁迅先生形容的柔石一类'损己利人'的高尚人物。"

5. 求真务实的思想作风

"千教万教教人求真，千学万学学做真人"，这是陶行知为人与教人的宗旨之一。晓庄试验乡村师范、山海工学团、育才学校、社会大学等学校的创办，是他教育实践上"求真"的实际行动。他一生"求真"，谦逊待人，求"真善美"，反"假恶丑"。他为人处世最重视一个"真"字，他一生说实话，办实事，重视名实相符，言行一致，重视真才实学，不求虚名，从不弄虚作假。他勇于自我批评，听得进不同意见，能团结大多数，因此平民百姓、工农群众、中小学生，甚至小贩、报童都喜欢他。

6. 开拓求新的创造精神

"敢探未发明的新理""敢入未开化的边疆",一生探求、开拓、创造,是陶行知的最大特点。他重视创造,倡导创造,自己也事事处处开拓创造,连他别具一格的大众诗,也是具有独特"陶味"的创造。他的创造,不仅为中国教育开了路,更重要的是为提高中国劳苦大众的科学文化水平、为提高中华民族的觉悟和素质、为中国的革命开了路。

(二) 影响因素

1. 原生家庭

陶行知父亲陶位朝勤恳老实,是一位虔诚的基督教徒;母亲曹翠仂善良俭朴,求真好学,富有奉献精神。父母对陶行知宠爱但不溺爱,让陶行知从小便养成了勤奋、善良、脚踏实地的品质。陶父教过几年书,深知教育的重要性,因此常常教陶行知读书识字,为其后来进入学堂读书打下了坚实的启蒙基础。陶行知两个姐姐不幸早夭,给陶行知童年打上了救国救民的印记。陶行知的妹妹陶文渼在陶行知献身教育事业的过程中全力支持,打理家事,让陶行知无后顾之忧,全心全意献身于教育事业。

2. 亲密关系

陶行知一生有两位妻子:前妻汪纯宜,续妻吴树琴。陶汪夫妇的婚姻理智、冷静、平淡、和谐。汪纯宜忠厚、淳朴、温和又慈祥,对陶行知体贴、温顺,支持陶行知的事业,在陶行知出国留学期间主动承担起家庭重担;在陶行知投身教育事业期间全力支持;陶吴夫妇的婚姻炽热、浪漫、热烈而令人动容。吴树琴聪慧、独立、勇敢又进步,与陶行知的思想高度相容,二者是灵魂的对话。二人婚后甜蜜有加,吴树琴对其生活照顾有加,对其事业理解支持。陶行知从这次婚姻中得到的爱情,也有裨于其事业的发展。

3. 交往群体

正如马克思所说："人的本质不是单个人所固有的抽象物，在其现实性上，它是一切社会关系的总和。"陶行知也不例外，纵观其一生，对其形成生活教育理论与开展各种教育实践产生重大影响的，主要有三大交往群体：江浙教育前辈群体、哥伦比亚大学师友群体、进步学生群体。在前辈群体中，有蔡元培的相知和激励、黄炎培的帮助与支持、张謇的榜样与示范；在师友群体中，有斯特雷耶、杜威、孟禄、克伯屈等人的点拨与指导，有胡适、陈鹤琴、郭秉文等人的互助与扶持；在学生群体中，有与张劲夫、刘季平、董纯才等人的教学相长。这三个群体对陶行知的人生定位、价值取向、理论创新与实践追求均产生了关键性影响。

4. 社会环境

陶行知是20世纪中西文化冲突与交融的产儿。生于19世纪末的陶行知，其所处的时代，一方面，古老的中国与新兴的西方军事上激烈冲突、外交上纠纷不断、经济上互为竞争；另一方面，代表着两种不同社会制度、历史传统的中西方文化体系也处于相互冲突与交融的博弈之中。这种时代环境让他既得到了传统文化的熏陶，又接受了西方文化的洗礼，让其萌发了教育救国的想法。

5. 主观能动性

陶行知在众多中国人中能脱颖而出，于其个人特质来讲，主观能动性显然发挥了重大作用。陶行知能对生活环境做出积极反应，通过思维与实践的结合，自觉、有目的、有计划地反作用于生活环境。他不但能能动地认识客观世界，而且能在认识的指导下能动地改造客观世界，在实践的基础上使二者统一起来，表现出了极强的主观能动性。

四、整体动力论和心理动力学分析

从理论上讲，一切能够解释传主悬疑性问题的心理学理论都可以使用，甚至是研究者最新提出的理论。但在实际研究过程中，精神分析领域的理论使用得比较多。此外，人格心理学、社会心理学、发展心理学等领域的理论也都可以用来解释悬疑性问题。

（一）早期创伤经历——立志救人

按照精神分析心理学的观点，个体早年的经历在很大程度上决定着个体未来的人格，而人格又决定着个体在具体情境下的行为决策。这样看来，个体的行为可以通过其早年的经历得到解释，陶行知也一样。

童富勇、胡国枢提到："5岁的陶行知得知邻居家女儿病后在庙里求仙方——喝石灰水后死亡，跑到母亲身旁告知时，妈妈泣不成声地对行知说：'你姐姐宝珠也是这样死的，穷人的命运好苦啊！'"在穷苦时期，缺医少药，人们的健康得不到保障，封建迷信更是常常置人于死地。亲人、邻居的无辜离世给陶行知留下了深刻的印象，对其童年造成了巨大的创伤。

美国精神病学家、著名的发展心理学家和精神分析学家埃里克·埃里克森把人类心理的发展按照心理社会危机划分为八个阶段，认为每一阶段都有重要的心理发展任务，其中童年和青少年时期是认识和理解世界、保存永久性记忆和性格形成的最关键阶段。在该阶段，任何重大的经历都会重新塑造其性格和信念，对其今后的影响最为显著。陶行知于童年早期得知亲人、邻居无辜离世的消息，无疑对其一生的发展产生了重要影响。

陶行知早年所经历的创伤，使得年少的他深刻体会到，在贫穷落后的旧中国，封建迷信就像一把不长眼的冷血兵器，随时可以夺走人的生命。因此，只有普及科学，打倒封建迷信，才能挽救中国可怜人的生命。这为陶行知立志救人提供了原动力。

（二）自我同一性确立——平民教育救国

埃里克森人格发展的八个阶段理论指出，人类发展的第五个阶段出现在 13~20 岁，这个阶段是个体从童年期向青年期转变的过渡阶段，其主要任务是形成"自我同一性"。总体来讲，同一性是个体心理上的一致感和连续感，是个体在过去知识经验的基础上，在时间上对过去的"我"、现在的"我"和将来的"我"的一种整合，在空间上对过去零碎自我印象的整合，同时也是对"我想成为什么样的人"和"社会允许我成为什么样的人"的整合。这个阶段陶行知经历了四次抉择，最终确立了"自我"，立志以平民教育为武器拯救贫弱的中国和中国人民。

自我同一性的获得，首先要解决的是"过去的我"和"现在的我"的关系问题，即完成幼年未完成的心理事件，修复幼年的心理创伤。陶行知童年创伤事件就在于封建迷信致人惨死，使得人民生命难以保障。信仰基督教是陶行知早年在自己人生信仰方面所做出的重要选择。这一选择深刻影响了陶行知人格风范的塑造及其日后事业的发展。尽管他后来放弃了基督教信仰转而接受更为先进的社会政治学说，但这种影响的痕迹始终或隐或显地体现在他的身上。事实上，他后来所奉行的"爱满天下"的主张及其伟大的牺牲精神，就与基督教的博爱主张和耶稣舍己为人的救世精神有着某种思想渊源。由此，陶行知认为自己有着救死扶伤、救人性命的责任，这为其童年早期创伤经历提供了合理化的解决方式。

自我同一性形成的第二个方面，就是解决"现在的我"和"将来的我"之间的一致性问题，即"我想成为什么样的人"和"社会允许我成为什么样的人"。姐姐因病夭折的那件事让陶行知认识到封建迷信、思想落后是草菅人命的"真凶"。与此同时，中国社会正在经历重大变革和巨大磨难，迫切要求进步人士为中国指明一条正确的前进道路。陶行知在后来受教育的过程中，通过思想的提升与境界的提高，加之环境的影响，渐渐意识到教育可以传递科学，可以打倒迷信，可以给中国指明前进方向，可以拯救中国，可以拯救中国人。

就这样，陶行知成功解决了自我同一性问题，形成了一个关于自己未来人生的设想，这个设想整合了过去的人生经验和自我图谱，同时将自己的过去、现在和将来以某种可行的方式连接起来。在教育的影响下，陶行知明确了自己未来的道路：关心平民、献身教育、拯救中国。这种人生目标的确立，为陶行知在乱世之中成为伟大人民教育家创造了机会。

（三）自我实现的特质——人生为一大事来

自我实现，是指个体的各种才能和潜能在适宜的社会环境中得以充分发挥以实现个人理想和抱负的过程，亦指个体身心潜能得到充分发挥的境界。马斯洛的需求层次理论认为人有五种基本需求，即生理需求、安全需求、爱和归属的需求、尊重的需求和自我实现的需求。五种需求像阶梯一样从低到高逐级递升。但这样的次序不是完全固定的，而是可以变化的，也有种种例外情况。显然，陶行知就是其中的一个例外。

1927年，陶行知在南京北郊创办了南京晓庄试验乡村师范，即晓庄师范，经费几乎全由陶行知私人筹集。陶行知初到晓庄，连住的地方都没有。当年晓庄学校的小学生陈云生说："他每天就住在牛棚里面，和老牛生活在一块儿。"他在给家人的信上说自己："快乐得像活神仙一样，整日打赤脚，穿草鞋，自由得很。"由此可以看出，陶行知的生理需求还未得到满足。创立三年的晓庄师范在蒋介石国民党的打压下被迫封校，陶行知也被通缉，被迫流亡日本。但是陶行知面对生命的威胁却临危不惧，仍然进行着平民教育事业的普及工作。由此可以看出，陶行知的安全需求也未得到满足。在生理需求和安全需求都未得到满足时，陶行知自我实现的需求便喷涌而出，由此可以看出陶行知自我实现特质之强悍。

　　分析其自我实现特质的成因，首先应是陶行知父母在其幼年时期的爱护与教导、无条件的积极关注成为陶行知自我实现特质的早期源动力。陶父陶母在连续失去两个孩子之后，对陶行知的降生分外欢喜，并给他取名为"小和尚"，希望其平安成长，可见他们对陶行知热切的爱与日后无条件的积极关注。其次是陶行知的两次亲密关系，给予陶行知无限的支持与动力。无论是原配汪纯宜还是续妻吴树琴，都全力支持丈夫的教育工作，打理好家务事宜，以让陶行知无后顾之忧。最后是教育界同僚同患难、共进退的激励。无论是中国早期的教育家，还是西方求学时期的老师同学，抑或后期教育出来的学生，他们都理解甚至参与到陶行知的民主教育事业之中，给予了陶行知无限的续动力。来自三方的关注、支持与扶持，让陶行知自我实现的人格特质成长、稳定并发展起来。

五、结论

　　综上所述，从心理传记的角度分析，陶行知对民主教育事业炽烈真诚的激情源于童年的创伤经历、自我同一性的发展及自我实现特质的能动作用。战乱中新旧交替的社会环境、科学进步与封建迷信共存的文化环境、朴实敦厚且勤劳节俭的家庭环境、指导点播且支持互助的交往环境、痛苦迷茫的童年创伤经历，以及陶行知的主观能动性，造就了陶行知对民主教育事业炽烈真诚的激情。从整体动力论和心理动力学角度来看，陶行知对民主教育的激情首先来自童年创伤经历的启迪。在见到亲人、邻居无辜离世后立志救人民于水火之中。其次来自求学时期自我同一性的发展。受社会环境、教育知识的影响，确立了以民主教育为武器拯救中国的方向。最后，陶行知品质与自我实现者特征十分吻合，父母、师长给予他的无条件的积极关注，使他不断受到向上力量的牵引，最终使其成为一个自我实现者。

六、启示

（一）积极面对创伤经历

一个人的一生难免会遭遇各种各样的创伤经历，这是不幸的，但又是幸运的。不幸是因为创伤经历的确会对个体的成长与发展造成很大困扰，甚至成为致命打击；幸运的是，因为创伤经历本身就是一种生活多样性的体验，个体可以通过创伤经历丰富自己的人生阅历，拓展生命的宽度。同时，经历创伤也为个体提供了一个如何面对创伤的选择体验，以及成功战胜创伤、体验生命甘甜的契机。因此，生而为人，我们要正视人生中的磨难，积极面对生命的"恩赐"，面对创伤经历时，要有"塞翁失马，焉知非福"的胸怀。

（二）自我同一性的健康发展

自我同一性的获得与否实际上会影响到一个人在后期生活中的方向感。自我同一性获得的个体知道自己从何而来，要做什么，要到哪去，而自我同一性未获得的个体则会陷入迷茫与怅惘之中，不知道自己存在的意义是什么。因此，在自我同一性发展阶段，我们应尽力寻找自己存在的意义，确定人生的方向，掌控自己的人生。同时，我们也应成为一个"摆渡人"，帮助身边处于自我同一性认知阶段的青少年成功"渡劫"。

（三）培养自我实现特质

自我实现特质是一个人成为"大师"的必备特质，而想要成为一个具有自我实现特质的人则需要在成长过程中获得外界施加的无条件积极的关注。因此，我们需要为自己创造无条件积极关注的环境，远离消极关注因素，努力使自己成为一个具备自我实现特质的人。同时，我们也要成为一个"无条件施恩的人"，多多赞美我们所接触的个体，给予他们无条件的积极关注，尽自己的绵薄之力为其生命洒下一道光亮、播下一颗火种，这光亮或许微不足道，但谁又能预料这在他心中不是阴霾中的太阳？这火种纵然一时沉寂，但只要遇到带氧气的风，定然会熊熊燃烧！

参考文献

[1] 延安新教育学会致函陶行知先生：庆祝生活教育社十五周年 [N]. 解放日报，1942.

[2] 曹书杰. 晓庄师范和山海工学团 [J]. 教育与职业，1990(01)：48.

[3] 胡国枢. 陶行知生平与家庭 [J]. 民办高等教育研究，2011(3)：8.

[4] 华中师范学院教育科学研究所. 陶行知年表 [A]// 陶行知全集 [M]. 长沙：湖南教育出版社，1984(1)：672.

[5] 华中师范学院教育科学研究所. 第一流的教育家 [A]// 陶行知全集 [M]. 长沙：湖南教育出版社，1984(1)：113.

[6] 华中师范学院教育科学研究所. 预备钢头碰铁钉：至吴立邦 [C]// 陶行知全集 [M]. 长沙：湖南教育出版社，1985(5)：67.

[7] 贾培基. 认识世界宣传抗日：肩负国民外交使节重任的陶行知先生（为纪念陶行知先生诞辰一百周年而作）[J]. 重庆工商大学学报（社会科学版），1991(03)：17-27，50.

[8] 凌承纬，母丽帮. 抗战时期育才学校的美术教育和儿童美展 [J]. 美术，2020(08)：101-107.

[9] 刘未鸣，韩淑芳. 先生归来兮：陶行知，人生为一大事来 [M]. 北京：中国文史出版社，2020.

[10] 约瑟夫·洛斯奈. 精神分析入门 [M]. 郑泰安，译. 天津：百花文艺出版社，1987.

[11] 马克思. 关于费尔巴哈的提纲 [A]// 马克思恩格斯选集 [C]. 北京：人民出版社，1995(1)：56.

[12] 舒跃育. 天命可违：诸葛亮行为决策的心理传记学分析 [M]. 北京：清华大学出版社，2018.

[13] 童富勇，胡国枢. 陶行知传 [M]. 北京：教育科学出版社，1990.

[14] 王习飞."万世师表"陶行知的个人成长之探[J].才智,2017(10):218,222.

[15] 江苏省陶行知研究会.陶行知日志[M].南京:江苏教育出版社,1991.

[16] 吴玉章.回忆陶行知先生[N].新华日报,1946.

[17] 徐莹晖.生活教育社发展历程及其影响[J].南京晓庄学院学报,2020,36(04):1-9.

[18] 许宗元.陶行知[M].北京:人民出版社,1988.

[19] 叶冬波.用行知精神点燃师德动力:例谈陶行知教育故事[A]//成都市陶行知研究会.成都陶行知研究会第八期"教育问题时习会"论文集[C].2019:23-29.

[20] 叶子.中国科学传播启蒙:陶行知与1931年的科学下嫁运动[J].科技传播,2019(02):186-187.

[21] 张劲夫.中国近代教育史上的一座宝库[A]//陶行知研究[C].长沙:湖南教育出版社,1987:30.

[22] 张日昇.青年心理学:中日青年心理的比较研究[M].北京:北京师范大学出版社,1993.

[23] 赵梓溢."读书人"身份的认同与背离:朱元璋的心理传记学分析[D].西北师范大学,2020.

[24] 周洪宇.陶行知大传:一位文化巨人的四个世界[M].北京:人民教育出版社,2016.

[25] 周毅,向明.陶行知传[M].成都:四川教育出版社,2010.

[26] 朱晓春.发挥南京晓庄陶行知纪念馆的研究和育人功能[J].生活教育,2019(04):18-19.

[27] MARCIA J E. Development and validation of ego-identity status[J]. Journal of Personality and Social Psychology, 1996(3):551-558.

[28] TAO X. My Résumé and My Plan of Life Career[J]. Education for Life, 2021:125-126.

张幼仪人格冲突的心理传记学研究

一、引言

张幼仪（1900—1988年），本名嘉玢，为张君劢、张嘉璈之妹，也是家中第一个未缠脚的女子，15岁时与徐志摩结婚，7年后与徐志摩协议离婚，成为中国近代史上第一个"文明离婚"的人。其间生有两子，离婚后在德国裴斯塔洛齐学院攻读幼儿教育学。1925年痛失爱子彼得。回国后先是在东吴大学教德语，后出任上海女子商业银行副总裁，成为中国近代史上第一位女银行家。与此同时，出任云裳服装公司总经理。1934年，应邀管二哥张君劢主持成立的中国国家社会党的财务。1954年，在香港与邻居中医苏纪之结婚，1972年苏纪之去世后搬往美国与家人团聚，1988年逝世于纽约。

谈及张幼仪，人们总是能想到她的第一任丈夫徐志摩，想到她就是徐志摩口中的"乡下土包子"。殊不知，张幼仪出身富贵门庭，祖上是朝廷命官，父亲是当地有名的中医；二哥张君劢是中国政治家、哲学家、中国民主社会党领袖；四哥张嘉璈是民国时期著名的银行家和实业家。张幼仪出嫁时嫁妆里的家具全部从欧洲采购并且多到连一列火车都塞不下。

目前，对张幼仪的研究基本停留在对其非凡经历的陈述及行为解说阶段，鲜有站在"行为—动机—人性"的角度对张幼仪进行具体剖析，而本研究采用的心理传记学是系统采用心理学理论和方法对个别人物的生命故事进行研究的一门学问，是"走出实验室单面镜房间、扔下实验器材，将档案中匿名的被试变为现实中有历史的个人"的研究，其主要研究目的为剖析"非凡人物"的心路历程同其人生成就之间的关系，运用心理学理论，通过传主的幼年经历解释其人格的形成，通过其人格解释其成年后的重大抉择。

因此，本文采用心理传记学方法，对张幼仪本人及其经历进行探索。张幼仪侄女整理的张幼仪自述——《小脚与西服——张幼仪与徐志摩的家变》说："我生在变动的时代，所以我有两副面孔，一副听从旧言论，一副听从新言论。我有一部分停留在东方，另一部分眺望着西方。我具备女性的内在气质，也拥有男性的气概。"张幼仪是如何突破这些冲突，最终走向成功的呢？张幼仪的生涯又是如何发展的呢？带着这两个悬疑性问题，本文开展如下研究。

二、人格分析

（一）张幼仪冲突人格表现

张幼仪作为一个生于变革年代的女子，其行为表现及人格都处于冲突中，表1是张幼仪人格冲突的部分表现。

表 1 张幼仪人格冲突的部分表现

事 件	资料来源
张幼仪自述："我生在变动的时代，所以我有两副面孔，一副听从旧言论，一副听从新言论。我有一部分停留在东方，另一部分眺望着西方。我具备女性的内在气质，也拥有男性的气概。"	《小脚与西服——张幼仪与徐志摩的家变》
父母给张幼仪取名"幼仪"，有善良、端庄之意，3岁时要给张幼仪裹脚却没裹成，张幼仪便拥有了那个年代多数女性无法拥有的自然脚	《徐志摩的原配夫人张幼仪——在现代与传统中挣扎的女人》
张幼仪的母亲通过让张幼仪把筷子插碗里看看插出来的是肉丸还是水煮蛋来判断张幼仪的孩子是男孩还是女孩。张幼仪用筷子带起了肉丸，母亲皱着眉头说："唉，是个女孩，不是男孩。"并让她认命。而张幼仪却顽固地说："我不是嘴硬，我是说象牙太滑了。我们等着瞧吧！看看是不是男孩。"	《失望是成熟的开始——张幼仪传》

续表

事　件	资料来源
尽管出生在"女子无才便是德"的时代,但张幼仪曾讲道:"我是家里四个女孩当中最在意教育的一个,很早就是。大家只在乎怎么讨人欢心和搓麻将,后来染上鸦片瘾。三妹喜欢食物和烹饪,四妹是服装设计师,把主要心思放在艺术和设计上。"	《不遗憾 你离开:张幼仪传》
一直不知如何与丈夫相处的张幼仪在前往伦敦的飞机上被徐志摩嘲笑:"你真是个乡下土包子。"张幼仪也带着怨气对他说:"噢,我看你也是个乡下土包子。"	《小脚与西服——张幼仪与徐志摩的家变》

(二) 张幼仪冲突人格影响因素分析

1. 生物遗传因素

张幼仪自述:"家里人说,我天生强若男子,比我晚出生十一个月的七弟却恰恰相反,软弱得像个女人。家人还说,我出生的时候,妈妈身上的男子气概全都被我拿走了,只剩下女性的柔弱留给七弟。"并且由于家中孩子多的缘故,张幼仪一直到六岁才断奶,基本从不生病,一直到老身体也非常硬朗。三岁时,阿嬷给张幼仪缠足,可是由于张幼仪的极度抗拒加之大声哭闹引来了二哥的阻止,于是张幼仪成为家中第一个没有缠脚的女子。先天遗传加之一双"大脚",让张幼仪拥有了肆意奔跑、同男性平起平坐的机会,而不是像拥有三寸金莲的闺房淑女那样只能安安静静坐着不动。

2. 时代背景

张幼仪出生时正值八国联军以武力打开中国大门、无数仁人志士以实际行动探求"救亡图存"道路之时。与此同时,他们也在反思当时国不成国、即将亡国灭种的原因。女子三从四德、缠足这些是不是中国国势衰微的重要原因? 新文化运动、五四运动的兴起解放了人们的思想,从民国初年女学生大多数集中在小学校和师范学校,到五四运动后女子中学增多和开始兴办女子高等学校,这一切变化都很明显。除此之外,张幼仪生活的时代还经历了两次世界大战和中华人民共和国成立等重大历史事件。很多人出国留学后带回了西方先进的思想和文化，西方的民俗风情已为中国所知。女性地位的提高及西方新思想对人们的影响也让张幼仪回国后创办云裳服装公司、出任上海女子商业银行副总裁变得不那么稀奇。

3. 父母教养

张幼仪的父母既有老派传统思想，也对西式思想怀有敬畏之心。首先，他们保持老派的传统思想，认为应如《礼记》所载："昏礼者，将合二姓之好，上以事宗庙，而下以继后世也。"父母为孩子挑什么对象孩子就应该和什么对象结婚，这也是孝顺的另一种表现。他们教育张幼仪要"光耀门楣和尊敬长辈"，要遵守三从四德，在嫁到徐志摩家后绝不可以说"不"，只能说"是"，不管和丈夫之间发生什么事，都得以同样的态度对待公婆。与此同时，他们也对西方思想怀有敬畏好奇之心。父亲对孩子们期望很高，很重视对儿子的教育，知道中西学有天壤之别，因此希望儿子中西兼备。张幼仪最开始缠足二哥能成功制止的很重要的原因之一便是二哥曾在日本留学，接受过西学教育。尽管张幼仪的父母认为"女子无才便是德"，但是他们最终还是同意了张幼仪想去苏州女校读书的请求。父母是家庭教育的施行者，因而父母的教养方式如何，会直接影响孩子的人格发展。张幼仪父母这种东西兼收的思想及教养方式深刻影响了张幼仪冲突人格的形成。

4. 重要人物影响

张幼仪曾说："我认为我享受教育的欲望，是来自我晓得自己生在变动时代这个事实，而且我非常崇拜二哥和四哥，又是家里第一个没缠脚的女孩。"张幼仪的二哥和四哥都以自己的方式在张幼仪的一生中给予她关怀。"二哥经常把我凭借自己的力量绝不可能学到的事情讲给我听。四哥为我挑了个博学的丈夫，在我不同的人生阶段里指点我，怎么样在人前有得体的行为举止；他总是关心别人怎么看我。二哥却教我不论外在的行为如何，都要尊重自己内在的感受，这点和家里任何人都不一样。"在阿嬷给张幼仪缠脚时，二哥对妈妈说："把布条拿掉，她这样太痛了；要是没人娶她，我会照顾她。"在张幼仪被徐志摩要求打胎时，二哥指点她："万勿打胎，兄愿收养。抛却诸事，前来巴黎。"而在张幼仪从欧洲回国后，也正是因为哥哥们的帮助及邀请，张幼仪才有机会出任云裳服装公司总经理和掌管中国国家社会党财务。而二哥、四哥的杰出成就及对家庭做出的贡献也对张幼仪起到了榜样示范作用。通过对二哥、四哥的观察学习过程，让张幼仪在女人不值钱的年代主动为自己争取到了受教育的权利乃至最终嫁给自己心爱男子的权利，从中获得的自我强化及自我效能感，使得这些行为得以持续下去。

5. 自我同一性危机与亲密关系缺失

自我同一性是人对自我一致性或连续性的感知，即认识"我是谁"，形成于青春期后。而张幼仪15岁便遵从"父母之命，媒妁之言"嫁给了徐志摩，在本该与外面世界接触以形成自我感知的阶段，张幼仪却没有机会继续完成学业，而是整日在家中等待徐志摩或侍奉公婆，"除整天和老太太坐在一起之外，我无所事事"。张幼仪对自己的生活也产生了一种混乱、消极的感觉。并且在这段婚姻中，张幼仪与徐志摩始终也未建立起亲密关系。张幼仪自述："在我们整个婚姻生活里，徐志摩和我从没有深切交谈过。"徐志摩在第一次见到张幼仪的照片时便嘲笑她是"乡下土包子"，两个人之间的沉默在结婚那天便奠定了基调。刚结婚几个星期，徐志摩就离家求学，张幼仪也没有机会去了解自己的丈夫。"徐志摩从没正眼瞧过我，他的眼光只是从我身上掠过，好像我不存在似的。我一辈子都和像他一样有学问的男人——我的父亲和兄弟——生活在一起，他们从没这样对待过我。唯独我丈夫如此。"直到张幼仪经历了中国史上依据《民法》的第一桩西式文明离婚案。徐志摩在与张幼仪离婚的信中这样写道："真生命必自奋斗自求得来，真幸福亦必自奋斗自求得来，真恋爱亦必自奋斗自求得来！彼此前途无量……彼此有改良社会之心，彼此有造福人类之心，其先自作榜样，勇决智断，彼此尊重人格，自由离婚，止绝苦痛，始兆幸福，皆在此矣。"亲密感的缺失也影响了张幼仪自我同一性的建立，她没有获得亲密的体验而是得到了孤独的体验。为此，张幼仪就要采取学习、经商等让自己获得成就感的事情来弥补亲密感的缺失。

6. 心理动力学

弗洛伊德提出的人格结构模型认为，人格由本我、自我、超我三部分构成。本我在无意识中，代表先天的本能和原始欲望，遵循快乐原则，是人格驱力能量的来源；自我控制本我的活动，遵循现实原则，努力追求理想和规避违背道德标准时所预期的惩罚；超我遵循道德原则，代表至善至美，协调本我追求快乐的需要和超我寻求社会化行为的需要及现实需要。当本我寻求快乐的需要和超我寻求社会化行为的需要出现了冲突，达到自我无法控制的程度时，如果自我不得不承认它的软弱，就会突然产生焦虑，进而会通过压抑、否认、投射等防御机制缓解自我焦虑。张幼仪的本我属于新的、西方的、男性的部分，而她的自我则完全相反，遵循旧时的传统道德。而当本我与自我之间的冲突无法控制时，张幼仪采取了升华的防御机制，本我多余的力比多发泄在被人们赞许的、高尚的间接方式上——求学、叱咤上海滩，由此实现了自己的超我需求。

张幼仪自述："我不是个有学问的女人。看看我那一手中国字，就知道不是出自读书人的手笔，而且我又好多字都不认识。精通中文和精通英语不一样，如果我有学问的话，我就会用文言文写东西，那和中文口语是截然不同的。"张幼仪清醒认识到了自己的缺点并始终怀有一种自卑感，从阿德勒个体心理学角度来看，自卑感是人生来就有、普遍存在的人格发展的原始动力。因此，张幼仪做出了为了克服自卑感而抗争、为了求得自身完美而并非一种要超过他人欲望的追求卓越的行为。

7. 其他影响因素

张幼仪家里有十二个孩子，八男四女，张幼仪为家中二女，在她之上还有六个哥哥。从阿德勒个体心理学出生顺序对人格影响的角度来看，张幼仪属于中间儿童，而这种人具有强烈地追求优越的特性，大都雄心勃勃，有远大的抱负，不墨守成规，一般比较干练、果断。中间的出生顺序让张幼仪没有过度依赖父母或被父母忽略，因而有更多精力来克服自卑。

（三）张幼仪的生涯发展历程

生涯是生活里各种事态的连续演进方向；它统合了人一生中依序发展的各种职业和生活角色，是一种由个人对工作的投入而流露出的独特的自我发展形式；它也是人生自青春期以迄退休之后，一连串有酬或无酬职位的综合。除职业之外，还包括任何和工作有关的角色，如学生、受雇者、领退休金者，甚至是副业、家庭、公民等角色。生涯是以人为中心的，只有在个人寻求它的时候它才存在。从张幼仪生活的广度来看，从成长、建立、探索、维持到衰退，这一连串纵贯式的生涯发展历程主要发展特点及具体表现详见表2。

表 2　张幼仪生涯发展历程

发展时期	年龄	主要发展特点	重要生活事件	具体表现
成长期（儿童期）	0~14岁	在家庭或学校重要他人的认同过程中逐渐发展出自我概念。需求与幻想为本时期最主要的特质。随着年龄的增长、学习行为的出现、社会参与程度与接受现实考验强度的逐渐增加，兴趣与能力也逐渐增加	3岁时未缠足；7岁时因"轿子事件"与家人迁居南翔；12岁时入读江苏省立第二女子师范学校	在父母中式教育与二哥、四哥西式思想的影响下寻求自我概念。一直幻想"我看到了太阳里的姐妹，也看到了月亮里的姐妹"。从小特别渴望知识，从未给自己争取过什么的张幼仪选择了积极为自己争取求学的机会

续表

发展时期	年龄	主要发展特点	重要生活事件	具体表现
(青春期)探索期	15~24岁	在学校、休闲活动及打工经验中进行自我试探、角色探索与职业探究	15岁与徐志摩结婚；18岁生下长子徐积锴；20岁前往欧洲与丈夫团聚；22岁生下次子彼得，同意与徐志摩离婚，随后在裴斯塔洛齐学院接受幼儿教师训练	这个阶段张幼仪没有继续进行自我职业探索，而是像其他民国时期的女子一样顺从了父母安排好的婚姻，扮演与家庭有关的生涯角色。尽管最终与徐志摩离婚，但张幼仪拥有了在欧洲开阔视野及学习的机会
(成年前期)建立期	25~44岁	确定适当的职业领域，逐步建立稳固的地位。可能升迁，可能会有不同的领导，但所从事职业的视野不太会改变	25岁，彼得夭折；26岁，束装返国；27岁在东吴大学教德文；28岁担任上海女子商业储蓄银行副总裁及云裳服装公司总经理	张幼仪回国后，先是根据自己的特长在东吴大学教德语，后在哥哥等人的帮助下进入商业领域并不断扩大职业领域（涉及服装、金融等）
(中年期)维持期	45~64岁	在职场上崭露头角，全力稳固现有成就与地位，逐渐减少创意表现。面对新进人员的挑战，能全力应战	49岁移居香港；54岁嫁给苏医生	与男性的生涯模式不同，张幼仪在维持期没有继续探索职业生涯，而是选择回归家庭，与苏医生结婚
(老年期)衰退期	65岁以后	身心状态逐渐衰退，从原有工作岗位上隐退，发展新的角色，寻求不同的满足方式以弥补退休后的失落	72岁苏医生去世，搬到美国与儿子及家人团聚；88岁去世	张幼仪主要扮演退休者、父母、妻子等与家庭有关的角色，享受天伦之乐

从舒伯（Super）生涯角色理论视角来看，张幼仪一生的生涯角色经历了儿童、学生、休闲者、公民、工作者、妻子、家长、母亲、退休者九个阶段，但在其生命早期主要扮演儿童、妻子、家长、母亲等与家庭有关的角色，在这些角色上的承诺度（commitment）、参与度（participant）、价值期待（value expectations）和角色理解（knowledge of roles）较多，即产生了角色凸显现象，这一现象也间接导致了其工作者、休闲者等角色的失败。

而在张幼仪求得人生第一份职业——东吴大学德语老师后，除了兼顾与家庭有关的生涯角色外，也在与工作场所有关的角色上投入了较多精力，因此才有了后来的从商经历。

三、结语

张幼仪先天的遗传因素、生活的时代背景、父母教养、重要人物影响、自我同一性危机与亲密关系缺失，造就了其人格冲突。先天的遗传因素影响了其作为女性的男性气质的形成；变革的时代背景让其在传统女性与现代女性角色之间徘徊；父母作为东方传统思想拥护者却表现出对西式先进思想的尊敬的教养方式，给张幼仪提供了接触西式思想的机会；二哥、四哥等重要人物对她起到了学习西方先进思想这一行为方式的强化及榜样示范作用；自我同一性危机与亲密关系缺失影响了张幼仪对"我是谁"的自我同一性的建立。从心理动力学角度来说，本我与超我的冲突及自卑感为张幼仪的人格冲突提供了内部动力。在生涯发展上，张幼仪早期主要扮演与家庭有关的生涯角色，出现了角色凸显现象。在中后期开始在与工作场所有关的角色上投入精力，因而才有了后来叱咤商场的经历。

四、启示

（一）打破性别刻板印象

在中国人的生涯观中，"男主外，女主内""男则用公矢笔墨，女则用刀尺针缕"的观点对男女生涯发展有着不同的性别期待，希望男性能作为家庭的主人全权主持家事，而女性则负责顺从男性，遵守"三从四德"。但张幼仪却能打破这种刻板印象，勇敢地成为家中第一个不缠足的女性，追求知识，用自己的勇气与努力在上海滩叱咤风云。

（二）做出正确的生涯决策

"我们的决定决定了我们"，在面对生涯决定点时，能否通过搜集、过滤、运用各种相关资料做出最恰当的决定极为重要。张幼仪在刚刚离婚带着两个孩子的情况下没有接受其他男子的追求，也没有自杀，而是在出国及与家中男性接触的过程中认识到了知识的重要性，选择通过读书获得更多的知识来提升自己，进而为回国后顺利找到一份在东吴大学教德语的工作奠定了基础。

（三）形成恰当的自我概念

生涯发展历程，基本上是职业自我概念的发展和实践的历程。自我概念是"遗传性向、体能状况、观察和扮演不同角色的机会、评估角色扮演、与他人互相学习"等交互作用历程的产物。张幼仪正是因为在不断评估学习的过程中形成了恰当的自我概念，才走出了适合自己的生涯发展道路。

（四）适时借助外部条件

在中国文化影响下，一个人的成功讲究"天时、地利、人和"，有时仅靠个人努力是不够的。在我们生涯发展、不断认识自我、扮演不同生涯角色的道路上，我们不要单打独斗，最好能与他人一起规划生涯路线。同时，也要善于借助外界条件——"善假于外物"，让自己获得在更高平台上发展的机会。

参考文献

[1] 董成家. 张幼仪：中国近代史上第一位女银行家 [J]. 山西老年，2018(06)：24-26.

[2] 刘将, 周宁. 历史名人的生命故事与心路历程：评《历史名人的心理传记》[J]. 心理研究，2018, 11(05)：479-480.

[3] 丁言昭. 徐志摩的原配夫人张幼仪：在现代与传统中挣扎的女人[M]. 上海：上海人民出版社，2006.

[4] 龚耀先. 修订艾森克个性问卷手册[M]. 长沙：湖南地图出版社，1997.

[5] 金树人. 生涯咨询与辅导[M]. 北京：高等教育出版社，2007.

[6] 潘光哲. "五四"与中国社会变迁：从知识人的婚姻人生说起[J]. 近代史学刊，2019(02)：41-56，285-286.

[7] 田梦. 失望是成熟的开始：张幼仪传[M]. 北京：北京工业大学出版社，2017.

[8] 晚综. 她们都是第一人[J]. 晚晴，2019(03)：28-30.

[9] 夏墨. 不遗憾你离开：张幼仪传[M]. 北京：现代出版社，2017.

[10] 曾海龙. 唯识与体用：熊十力哲学研究[M]. 上海：上海人民出版社，2017.

[11] 张邦梅. 小脚与西服[M]. 合肥：黄山书社，2011.

[12] 郑剑虹. 心理传记学的概念、研究内容与学科体系[J]. 心理科学，2014，37(04)：776-782.

[13] 张海梅. 论五四运动前后的女子教育[J]. 历史档案，2001(01)：101-106.

[14] MASLOW A H. Motivation and personality[J]. Quarterly Review of Biology, 1970(1): 187-202.

[15] PLESSIS P C. The method of psychobiography[J]. Journal of Personality, 2017, 56(1): 295-326.

[16] SUPER D E. Career education and meaning of vocational psychology: A personal perspective[A]//Handbook of vocational psychology, 1976, 18(1), 136-140.

[17] SUPER D E. A life-span, life-space approach to career development[J]. Journal of Vocational Behavior, 1980, 16(3): 282-298.

精于西学却执着守旧

——辜鸿铭的心理传记学分析

一、引言

辜鸿铭（1856—1928年），是近现代中国思想文化界保守知识分子的标志性人物之一，因其学贯中西，精通英、德、法等多种语言却"顽固守旧"而被世人称为"清末怪杰"。辜鸿铭毕生致力于宣扬中华文化与精神，在西方享有"报界最著名的中国撰稿人"的美誉。他翻译的《论语》《中庸》《大学》等文学巨作，直到今天还在被大量学者参考研究。早在清末，辜鸿铭就曾预言：引进西方文化，必定会使中国变成一个重利轻义的国家。但在当时内忧外患的社会背景下，人们多致力于追求国家富强，因而辜鸿铭的许多思想和言行都不被接纳与理解。时至今日，我们回顾19世纪的西方文明就会发现，其强权与殖民、优胜劣汰与丛林法则只能在短期内使国家强大，而从长期来看，则是对社会的破坏。

综上所述，辜鸿铭无疑是我国近代文化史上文化保守派中的一代狂儒，但与此同时，他对裹足、纳妾、封建君主专制等糟粕的维护也是客观存在的事实。那么，一个自14岁起就受到正规西方教育又精于西文的人，为什么会放弃物质与尊重，变得"极端保守"又"执拗偏狭"？

一方面，辜鸿铭在国外已获得多所名校的硕博学位，留洋似乎也不失为一个不错的选择；另一方面，即使辜鸿铭回国，他所精通的语言与西方文化知识也均为当时的中国所急需。但是，辜鸿铭为何放着"洋博士"不做，非要做个"半唐番"？况且辜鸿铭本身就是一个爱出风头的人，一口流利的外语配上西服即可让他受到当时国人的崇拜与尊敬，为何却要留起辫子，穿上马褂，戴一顶瓜皮小帽，弄得自己中不中、西不西？

已有许多研究者致力于解答这一悬疑性问题，目前的解答包括：幼年时传统文化的家庭教育；精通西学因而更为深刻地认识到欧洲文化的弊端；浓厚的爱国主义情感；受辱的经历；同张之洞幕僚的接触与独立张扬的个性等。虽然目前的研究较为全面地探讨了辜鸿铭保守主义的成因，但大多是从个体意识层面、结合生活经验进行的探讨，缺乏在无意识层面、依据心理学理论对个体人格与观念成因的探讨。因此，本文将以心理学理论为依据，探讨辜鸿铭的人格与其保守主义思想的成因。

二、童年经历形成"慢生命史策略"

1911 年，辜鸿铭在寄给骆任廷爵士的信中提到，自己花了 20 年时间才翻译出令他完全满意的《中庸》。然而在当时，辜鸿铭的心血并没有得到回报，其翻译作品并不受重视。此外，在生活上，辜鸿铭中晚年的日子也非常困顿，表 1 是辜鸿铭困苦生活的佐证。

表 1 辜鸿铭的私人信函

时间与通信对象	信函节选	资料来源
1910 年 10 月 卫礼贤牧师	我出的书全都在赔钱。《大学》的英译本早已完成，可是我没有财力支持，因此无法使其出版。英译《论语》用了 10 年才卖出去 500 册	《辜鸿铭信札辑证》
1911 年 04 月 骆任廷爵士	由于您一直在善意资助我，所以想再次劳烦您，给我在上海的儿子汇五十美元，汇款地址在另外一张纸上。我总共的欠款金额如下： 资助犬子三十美元 资助犬子四十美元 现在需要的五十美元 总共为一百二十美元	

续表

时间与通信对象	信函节选	资料来源
1913年12月卫礼贤牧师	柯德士先生已经资助了我一千美元，但我不想进一步领受他的好意了。家里女眷的首饰、衣物可变现两千五百美元，但这是我的救命稻草。新年正在临近，我将入不敷出，因此我恳求您来资助犬子	《辜鸿铭信札辑证》
1918年8月骆任廷爵士	我的儿子失业了，他之所以被开除是因为我这个父亲是一个声名狼藉的保皇分子	

除此之外，辜鸿铭的信件中还有很多请求朋友帮忙安排职业、寻找出版社等内容。那么，为什么辜鸿铭在物质如此稀缺的条件下，还能坚持自己的翻译与写作事业呢？为什么辜鸿铭始终难以做到放下自己的傲骨和气节，向生存低头呢？要探讨辜鸿铭的人格成因，还要从他的早期经历着手。

辜鸿铭出生于马来半岛西北的槟榔屿，他的父亲辜紫云是当时一个橡胶园的主管，辜鸿铭本人曾在演讲中提到自己在留洋之前的生活："无非就是爬爬椰子树，在灌木丛旁的河流里游游泳，期间唯一学到的东西就是些马来语的歌曲。"中国最初系统研究辜鸿铭的孔庆茂先生也在《辜鸿铭评传》中这样描写辜鸿铭及其童年生活："辜鸿铭就出生在这样一个'二等公民'的'贵族'之家……个虽不高，但聪明伶俐，深得布朗夫妇的喜爱……不用说，他的生活是相当优裕的，不过在他心目中，只知道这连片的橡胶园、幢幢别墅洋房，知道层层叠叠、翠蔓拂缀的热带丛林……"

实际上，心理学历来重视早期童年经历对个人的影响，近些年来备受关注的生命史理论也十分重视童年环境对个体生命发展策略的影响，即个体生命早期的经验为其提供了关于"生存环境是什么样子"的线索，个体会在无意识中据此形成和调整发展策略与模式，从而更有效地适应环境。在恶劣环境中成长起来的个体对未来环境的预期是不稳定的，因而强调短期的回报与机会主义，被称为"快策略者"。相反，成长于良好环境的个体对未来环境的预期是稳定的、充足的，因而视野更加长远，具有更强的延迟满足能力，被称为"慢策略者"。从之前的描述可以看出，辜鸿铭的童年非常安逸与愉快，与此同时，他后来的行为表现也可支持他属于典型"慢策略者"这一观点。一方面，如前所述，辜鸿铭在不被理解的情况下仍坚持翻译《中庸》《大学》《论语》等传统文化经典著作，就是辜鸿铭高延迟满足能力的最好证明；另一方面，辜鸿铭的言行表现出"机会主义"的极端对立面。例如，在洋务运动问题上，辜鸿铭就被张之洞批评为"知经而不知权"，即做事一根筋，不知道从权行事。此外，辜鸿铭不趋炎附势，在张之洞帐下做了18年幕僚，职位却从来没有升迁过，薪水还比不过一个四等助手。最后也是最关键的一点是：辜鸿铭的视野确实更加长远，他在清末就十分有预见性地点明了中国西化的后果。

　　早期童年的经历促进了辜鸿铭在事业上的不懈坚持、在为人上的耿直如一，让辜鸿铭始终坚守本心。事实上，抛开中晚年的困苦不说，辜鸿铭青年时期作为张之洞幕僚的生活还是比较顺利的，这在很大程度上归功于张之洞为辜鸿铭提供了开放包容的环境。辜鸿铭在纪念张之洞的书中也写道："我愿公开在此，写下我对已故帝国总督张之洞的感激，感激他二十多年所给予的庇护，从而使我不至于在冷酷和自私的中国上流社会，降低自我去维持一种不稳定的生活。"张之洞死后，中国的局势进一步严酷，失去庇护的辜鸿铭作为一个典型的慢策略者，表现出诸多的适应困难，被当时的社会和环境所排斥。表2为辜鸿铭因其执拗、不懂变通而产生"适应困难"的佐证。

表 2 辜鸿铭适应困难的部分表现

来　源	事　件
私人信函 1910 年 3 月	内容为同骆任廷爵士的信件，辜鸿铭当时因一篇文章差点引来大祸：我的老友及同事梁敦彦，现任外务部尚书，他通过私人信函对我发出警告，说他已尽了最大努力来保全我，若此后我要是再不谨慎行事，他再也不会施以援手了！这些话竟出自一位老朋友之口！我真想要写信告知他，我才不需要他的什么该死的庇护。但再三考虑之后，我终究没有这样做
《申报》 1911 年 10 月 第 2 张第 1 版	《怪物辜鸿铭》 乃前日该堂教务长辜鸿铭忽投函《字林西报》，痛骂革命军，见者大愤，即有人投函该堂，谓如此一轮诚丧心病狂之谈，欲将该堂烧毁云云。该堂学生见之，立请辜莅堂诘问，辜含糊以对，学生大哗，遂将辜逐出并纷纷罢课。该堂几致解散。若辜诚怪物矣

可以说，前后环境的不一致性在一定程度上导致了辜鸿铭的中年和老年时期的适应困难，当辜鸿铭在物质资源丰富的环境下成长为一个"慢策略者"但其所处的环境渐渐变得危机重重时，这对个人发展历程而言是颇具戏剧性与悲剧色彩的。

三、青少年时期的自卑与"优越情结"

辜鸿铭童年的经历能够在一定程度上奠定他的人格基础，即执着、锲而不舍。但仅从童年生存环境断定个体之后的发展路径也是不恰当的。在辜鸿铭的成长历程中，青少年时期的留洋时光同样是他人格成因中的一个凸显性指标。

辜鸿铭 11 岁时留学苏格兰，14 岁时求学莱比锡、爱丁堡等著名大学。放在今天的九年义务制教育里，应该是上初中的年纪，正处在个体发展的青春期。发展心理学认为，青春期是个体"自我"发展的关键时期，也正因如此，个体在青春期才会出现诸多追求自我独立性的叛逆行为。那么在这样一个自我发展的敏感阶段，辜鸿铭又经历了什么呢？

1921年，辜鸿铭在"中英学社"晚宴上的演讲中提到了自己在苏格兰的"社交生活"，实际上，辜鸿铭在这一部分中主要讲述的却不是自己，而是一位从中国的条约港口回到英国的女士。辜鸿铭提到自己在中国和英国的时候分别与这位女士有过会面："在他眼中，这位衣着鲜丽而周围的摆设也很漂亮的女士简直就是一位女神。但当她到爱丁堡来看他时，她不再是女神了，而是一个十分平凡的女人。这个来自中国条约港口的了不起的女士，当她回到她在爱丁堡的家时，却被中产阶级社交圈子看不起，不把她视为一位女士，而是一个难以忍受的俗气女人，尽管她租着一座大房子，添置了贵重的家具，过着优雅的女士的生活。由于遭到了彻底的排斥，她最终被迫离开了爱丁堡。"

如果我们仔细推敲这段描述就会发现，这位女士受到排斥的原因被表述得十分隐晦，她的家在爱丁堡，当她从中国回到爱丁堡后，却被当成了"一个难以忍受的俗气女人"，在这场演讲中讲了这样一段不太符合上下文的内容（这一部分的讲述被放在对辜鸿铭自己"社交生活"的介绍部分，介绍的内容却不是他自己），辜鸿铭的动机和目的何在？他为什么会这样说？这位女士仅仅是在中国居住过，而辜鸿铭作为一个有黄种人血统的中国人，又会在这样的成长环境中遭受怎样的歧视呢？实际上，辜鸿铭本人一直很少提及自己受到的种族歧视。根据弗洛伊德的观点，这种对于创伤经历的闭口不谈实质上是一种"自我防御机制"。这种对创伤的掩饰不仅出现在辜鸿铭的青少年时期，还出现在辜鸿铭回到中国后在探险队与英国人的合作经历中，关于这一部分内容将在之后进行详细介绍。

除了关于"来自中国通商口岸的女士"的描述，辜鸿铭还以幽默的口吻描述了自己在留洋时期因"辫子"而引起的尴尬经历，实际上关于这段经历的描述有很多不一致或完全不同的版本，而这些版本却都源于辜鸿铭自己的描述。

表 3 辜鸿铭对"辫子的故事"的不同叙述

来源描述	事 件	来 源
关于"中英协会"晚宴中辜鸿铭先生演讲的英文报纸内容	正当他要走进男卫生间时,一位站在旅馆走廊里的女招待误认为他是一个女孩子,因为他留着系红绳的辫子。于是,她冲上前去,用力把他拉回另一边的女卫生间,并解释说:"那里是男孩去的地方,你必须到这里来——这才是女孩子要去的地方。"辜先生见状大声回应道:"可我是个男孩子,不是女孩子!"因此,当时在场的所有女招待都笑了,其中一个将他一把揽住,抱着他亲了一下,说:"哟,你这个可爱的男孩子!"——就这样,辜先生说他在英格兰获得了一位英国女士的欢迎之吻	《辜鸿铭信札辑证》
清水安三 1924 年亲自拜访辜鸿铭,听辜讲过早年的赴英经历	根据文章回忆的内容,辜同斯科特共同到了南安普敦旅馆,因为头上的发辫被女招待当作女孩子,在辜去男厕方便时被逮了出来,并在被教育一番后带到女厕蹲着方便。鉴于此尴尬情形,辜在当时就毅然决然地剪掉了发辫	《辜鸿铭》
胡适在 1935 年的一篇回忆性文章中也记载了辜鸿铭向他描述过的早年剪辫子的经历	我到了苏格兰,跟着我的保护人,过了许多时。每天出门,街上小孩子总跟着我叫喊:"瞧呵,支那人的猪尾巴!"我想着父亲的教训,忍着侮辱,终不敢剪辫。那个冬天,我的保护人往伦敦去了,有一天晚上我去拜望一个女朋友。这个女朋友很顽皮,她拿起我的辫子来赏玩,说中国人的头发真黑得可爱。我看她的头发也是浅黑的,我说:"你要肯收,我就把辫子剪下来送给你。"她笑了,我就借了一把剪子,把我的辫子剪下来送给了她,这是我最初剪辫子的故事	《辜鸿铭信札辑证》

三种版本中的一些描述显得幽默又热情,而一些描述却涉及与性别有关的侮辱。我们不知道究竟哪一个版本最接近事实,也不知道是辜鸿铭故意对过去的经历进行了美化,还是他自己都记不清 11 岁左右时的真相。但是毋庸置疑的是,这是一种错误,涉及了辜鸿铭不同场合下描述的矛盾,他可能过分夸张,也可能说谎,但这些行为本身都有着重要的心理学意义——无论是"遗忘"还是"歪曲",都能说明关于辫子的经历涉及了辜鸿铭青少年时

期的心理冲突，即涉及了性别误会与一定程度上的尴尬与受辱，而这种经历又恰好发生在辜鸿铭自我同一性与自我概念的发展时期。

埃里克森将人格的发展分为八个阶段，其中 12～18 岁是同一性角色混乱阶段。在这一阶段，个体的主要任务就是建立一种新的同一性或自我认同感，这涉及个体的价值是否被其他人认同，自己是否对自己成为的这种类型的人感到骄傲。在槟榔屿时，辜鸿铭虽然也生活在一个人种与肤色混杂的社会，但是并没有受到种族歧视，而他第一次意识到自己的"中国佬"身份，恰恰是在他留学殖民宗主国——英国的时候。

种族歧视的问题不可避免地会让个体产生"自卑感"。对辜鸿铭来说，处在这样一个发展自我独立性时期的他却发现自己不得不依赖于自己的"保护人"——布朗，如果没有他在场，自己甚至难以完成一些简单的事情：辜鸿铭曾以幽默的口吻提到过自己因语言不通而产生的尴尬，这段经历以第三视角的描述被报纸报道："还有一次，两位年长的未婚女士有一天邀请他共进晚餐，在喝下了多杯姜汁啤酒之后，他便想去卫生间，但是不知道该如何表达。结果，晚宴还未结束时，人们就把他送回了家，他啜泣不已，因为不知道如何表达'我想去卫生间'。"

关于此，精神分析学派的心理学家阿德勒认为，自卑是一种推动个体心灵活动的人格动力，为了克服自卑感，一些个体会用先天的"侵犯驱力"来寻求补偿，从而促使个体更加"男性化"。他认为任何形式的、不受禁令约束的攻击、敏捷、能力、权力，以及勇敢、侵犯都是男性气质的表现。此外，个体需要通过"追求优越"来克服自卑，如果追求过度，则会产生"优越情结"，即狂妄自大、自负自夸。

与此对应，辜鸿铭确实存在着部分上述人格表现。如《辜鸿铭评传》就曾对辜鸿铭的"骂"进行过概括性描述："一直到老，辜鸿铭都没改变这种傲骨和气节，只要觉得别人的做法有错，立即开骂。他骂过张之洞，骂过袁世凯，骂过李鸿章，甚至还公然骂过慈禧太后。"此外，即使是对跟自己关系紧密的朋友骆任廷爵士，辜鸿铭也难以掩饰自己的"攻击"倾向，他在同爵士的信件中经常提前预告或者在之后解释一下自己的"失礼"："如果下文中您感到我的语气过于强势的话，那么就请您理解并原谅。""我知道，写这样一封信函给您，或许意味着要和您唇枪舌剑一番，甚至反目成仇，然而，我必须要有思考的自由……"事实上，辜鸿铭本人也经常用"幽默"的方式表达言语攻击，这样就能够在宣泄的同时获得社会的认可。例如，辜鸿铭曾以令人捧腹的口吻抱怨自己的教书工作过于简单："我最初则更倾向于将学校的名字翻译为'狗会叫学院'。"

作为一种"自我防御机制"，辜鸿铭的"合理化"也颇为出名，即个体编造出一个似乎合理但实际上站不住脚的解释，这种"不允许"自己的观点被驳倒的狂妄也能够作为辜鸿铭"优越情结"的佐证。

伊藤博文调侃道："听说辜师爷精通学术，难道还不知孔子之教，能行于数千年之前，不能行于今日吗？"辜鸿铭答道："孔子教人的方法，好比是数学家的加减乘除，在几千年前，其法是三三得九，到了如今，其法仍然是三三得九，并不会三三得八呀！"

从精神分析的角度来讲，辜鸿铭的合理化恰恰是辜鸿铭对自卑的一种过度补偿。从行为主义的角度来讲，辜鸿铭的这种行为模式也表现出了他在民族歧视环境下养成行为的迁移，即顺从于他们并不能为自己赢来任何尊重。相反，只有站起来，与他们抗争，向他们表现自己，才可能获得平等与尊重。除此之外，辜鸿铭确实也在学业上获得了诸多成就。在大学里，辜鸿铭也处处与白人争第一，这也是辜鸿铭"追求优越"的表现之一。

四、青年时期的创伤性事件

虽然辜鸿铭后来成为一个保守主义者，但他并不是在刚刚回国时就是一个坚定的中国人。相反，在政治身份上他甚至是一个"大英子民"，在一些情况下可以享受自己作为"大英子民"的利益。在回到中国后辜鸿铭还写过一首名为《过去的好时光不再有》（Days That Are No More）的离别诗，这表现出当时的辜鸿铭正处于一种归属混乱的状态中：

> 思绪纷纷，与对异国的四季，
> 它的白天与黑夜还有他处的天空的回忆，
> 痛苦地交织……这些我童年熟悉的面孔。
> 如今，我浪游归来，已习惯异国景象的双眼，
> 却觉得他们如同异域之人，我回过头，
> 思绪飞回那片已隔重洋的土地，
> 和多年前的那些景致与面孔。

从诗中可以看出，辜鸿铭将英国描述为"异国"，说明此时他对自己身份的认同是中国人。如今回到中国，却又觉得槟榔屿的人们像是"异域之人"。事实上，当时辜鸿铭的父母和养父都去世了，他在这样的境遇中显然面临着对自己身份与归属问题的迷茫。那么在这样一种迷茫状态下，是什么让辜鸿铭产生了如此深刻的执念，让他在后半生中为宣扬中国传统文化而奋斗终生呢？

最近的研究指出，引导辜鸿铭走向民族主义的，实际上并不是回国后与马建忠的会面，而是一次深入中国西南腹地探险时的躯体受辱。程巍对辜鸿铭的这次躯体受辱进行了探究，例如，辜鸿铭在上海演讲中的跑题：从1883

年 12 月下旬开始到 1884 年年初，辜鸿铭在上海英国皇家亚洲学会做了五次演讲，其"跑题"部分给人留下了深刻印象，以至多家报社都对此进行了报道，直到 1891 年，《中国行医传教杂志》中的回顾性文章还对此进行了描述。

表 4 多家报纸对辜鸿铭"跑题"的报道

来　源	报　道
《信使报》 1883 年 12 月	"一开始就跑题" "说了一大通，才回到正题上"
《北华捷报》 1883 年 12 月	而这位口才堪忧的先生在演讲中不时跑题，大谈来华外国人侮辱中国人并践踏（隐喻用法）其脑袋的那些行为举止。我们不清楚辜鸿铭先生的脑袋是否被践踏过，但我们担心他星期四晚上失去了脑袋。听众保持了极大的耐心，尽管其中一些人未等到演讲结束就离开了
《中国行医传教杂志》 1891 年 9 月回顾性文章	几年前，一个来自槟榔屿的华人，叫辜鸿铭先生的，在亚洲学会图书馆做了五次演讲。在第一次演讲中，他谈到他的同胞的心态——尽管我们感到他的话有些夸大——他说，外国人正在践踏中国人的脑袋。我重复一下，这是夸大之语，但其中也有实情

心理传记学格外重视传主的"重复性行为线索"，即为什么辜鸿铭在演讲中多次出现这样的"跑题"行为，讲述与上下文不连贯的"孤立"的内容，他执迷于什么？程巍的研究在一定程度上暗示了这种身体受虐有可能是辜鸿铭本人的亲身经历，而施暴者则是辜鸿铭在探险队工作时的雇主——英国人科鲁洪。而科鲁洪本人也曾在书中提到过这段经历，但考虑到科鲁洪自身作为施暴者的立场，他只是对此进行了一笔带过的描述："我认为我那时忍不住才发了火，抓起一本书，摔到他的脑袋上——我确信这是他应得的。此事发生在我们正与一个低级官员谈话的时候。"

同青少年时期的种族歧视一样，辜鸿铭对这次创伤性事件同样也采取了避而不谈的方式，甚至用了之后被证实不曾存在的"同马建忠的会面"来掩盖这次经历。以至于目前关于辜鸿铭的几乎所有的传记都认为：辜鸿铭走上民族主义道路的"诱因"是他同马建忠的会面。直到近些年，程巍通过对马建忠本人日记进行分析才揭示了历史真相，可见辜鸿铭对此事的隐瞒之深。

五、孤独感与"逃避自由"

虽然辜鸿铭乖张怪诞的言谈与形象常常伴随着幽默色彩，但他在大多数时候是一个孤独的人。如前所述，辜鸿铭自我形成过程中存在着冲突，可能正是由于这种冲突，辜鸿铭形成了这样一种策略：在"概化他人"与"重要他人"之间有着清晰的界限，即辜鸿铭渴望"高山流水"般理想化的友谊，与此同时也说服自己要表现出对外界评论的不屑。例如，在辜鸿铭1891年同骆任廷爵士的通信中就有这样一段话："但是我会在乎什么美名或者骂名吗？在这关键的时刻，我渴望做的唯一的事情就是贴近并在乎那些靠近我、在乎我的人们……"

这是辜鸿铭在青年时期的书信，值得注意的是，他是以一种反问的形式叙述他自己对外界评论的不屑，即"我会在乎什么美名或者骂名吗？""我渴望做的唯一的事情就是……"这种过分强调的否认常常让人生疑：辜鸿铭真的不在乎吗？马斯洛的需求层次理论提出，个体生来就具有对尊重的需求，这一点在25年之后的信件中也可以体现出来：在1916年7月与骆任廷爵士的通信中，辜鸿铭附上了汪凤瀛为他写的60岁寿辰的祝寿辞，希望骆任廷爵士能帮他把这篇祝寿辞翻译成英文，并刊登在英文报纸上。在同年8月6日的信件中，辜鸿铭再次提到了这件事，此时辜鸿铭已经"降低要求"，自行将文稿翻译成英文了，他再次请求骆任廷爵士帮忙在报纸上刊登祝寿辞。11天之后，辜鸿铭再次写信，此时辜鸿铭的愿望已经达成，在这个时候辜鸿铭才以委婉的方式向骆任廷解释，自己确实渴望被认同。

"1916年7月14日，随信向您寄上一篇祝寿辞……我确信，您应该对这份文稿感兴趣。或许您可以帮助我将它译为英文，并发表在如《英国皇家亚洲学会会刊》之类的刊物上。"

"1916年8月6日，非常感谢您的来信和对我的美好祝愿。随信向您寄上汪先生所撰祝寿辞的英译文稿。中文祝寿辞已分别在北京、上海和汉口的报纸上发表过了……不过我在想，除这位朋友的介入之外，不知您是否也能再单独地把该译文转交给他们一次，并特别请求予以发表？您是著名的汉学家，也是位高权重的大人物，《字林西报》的编辑们鉴于此或许会考虑发表。"

"1916年8月17日，我期盼祝寿辞的译文在《字林西报》上发表，并不是想听什么'酒肉朋友们'的那些恭维之词，而是想让在中国、英格兰和古老的苏格兰以及其他一些地方的诸多外国友人也都能读到，正像我之前说的那样，了解到我首次被自己同胞公开赞扬的这篇文稿。我也必须承认，虽然我期待来自好友的真知灼见，但这同时反映出我在人性上的一些弱点。难怪孔夫子曾说过：'遁世不见知而不悔，唯圣者能之。'"

辜鸿铭终生都是一个将自己的伤疤藏起来的人，无论是留学时期的种族歧视，还是在探险队的受辱经历，辜鸿铭都以遗忘、否认、歪曲与欺骗的形式将其掩盖起来，毕竟外在的环境是如此抱有恶意。或许只有在同其亲密的好友——骆任廷爵士的对话当中，他才能真正表露自己内心的孤独。在1906年6月同骆任廷爵士的通信中，辜鸿铭第一次赤裸裸地表达了自己的孤独："我这一辈子都只能凭借一己之力来孤军奋战。作为一个被欧洲化了的中国人，我自然无法获得来自本国同胞或是外国同仁的丝毫同情。从来没有一个人，哪怕是伸把手，来帮我走出困境，我所面对的只有永不停休的辩论和针锋相对的争斗。在上海祥和欢庆的气氛中，您或许并不知道我有多么的孤独。"

关于此，弗洛姆的社会精神分析论曾经进行了关于孤独感的探讨。他提出，个体孤独感往往与自由相关。例如，弗洛姆在《逃避自由》一书中论述了 20 世纪 30 年代资本主义德国的许多民众拥护纳粹主义的心理根源在于克服难以忍受的孤独感，渴求逃避日益增多的自由而回到一种较为安全和依从的状态中。弗洛姆提出，随着资本主义社会的发展，当人们脱离社会的约束转而寻求独立时，个体就会产生"个体化"。而个体化的过程具有两面性：一方面，个人的独立和自由日益增多；另一方面，个人的孤独和不安全感也日益增强，这种不安全感与孤独感会促使个体逃避自由。而在纳粹的专制主义制度下，人们能够满足这种对自由的逃避，转而处于受束缚和绝对服从的状态。

放在辜鸿铭身上来看，他对于中国封建社会制度的认可在一定程度上契合了这一规律。例如，辜鸿铭倾心于中国封建制度下忠诚的君臣关系，即"君君、臣臣、父父、子子"，孔庆茂也曾称辜鸿铭的保皇思想为"忠愚之心"：辜鸿铭曾针对康有为在上海《字林西报》上发表的攻击慈禧的文字逐条进行了辩驳，企图为慈禧开脱罪责："近年乱萌皆由康党散布谣言，诽谤皇太后，煽惑人心，各报馆从而附和之，故各西报亦有不满意于皇太后之词，因此各国使臣有猜疑朝廷袒匪不保外人之意，以致中国政府处处掣肘……"除此之外，辜鸿铭对于自由的逃避也能在一定程度上解释为什么他如此维护中国的"纳妾"和"裹足"制度。例如，辜鸿铭支持纳妾的原因就在于，相较于西方的"情人"，中国的"纳妾"是一种更为"束缚"的人际关系，更有利于社会与关系的稳定。

六、结语

辜鸿铭总是被描述成一个顽固执拗的人，在那样一个全面西化的时代中，辜鸿铭像是一个怪物。然而，结合辜鸿铭童年安逸的生活形成的"慢生命策略"，结合他青少年时期为克服自卑而产生的"追求优越"，以及他对创伤性受辱事件的反抗、对自由的无意识化逃避，我们实际上不难理解他为什么会成为这样一个人。今天，越来越多的史料表明，辜鸿铭对自身经历实际上存在着这样或那样的掩饰、否定和歪曲。当我们认识到这一切看似怪异、不合理的行为实际上是一个孤独的老头出于本能而形成的对自己心理的防御时，我们才能更好地走近他，认识他浓厚传奇色彩包裹之下的真实面目。其实，他既没有那么坚不可摧，也称不上怪诞荒谬，而只是一个跟我们一样有血有肉、有性格、有脾气的普通人。

参考文献

[1] 陈莹.《论语》英译的宏观变异与微观变异：以理雅各，辜鸿铭，韦利和吴国珍译文为例[J].北京科技大学学报(社会科学版)，2019，35(6)：18-25.

[2] 程巍.辜鸿铭的受辱：民族主义与创伤记忆[J].山东社会科学，2017(01)：37-56.

[3] 程巍.辜鸿铭在英国公使馆的"身份"考[J].人文杂志，2019(07)：95-114.

[4] 清水安三.支那当代新人物[M].日本：东京大阪书屋.1924.

[5] 葛明永.辜鸿铭英译策略对中国文化走出去的启示：以《中庸》英译为例[J].名作欣赏，2020(1)：47-50.

[6] 胡春霞.辜鸿铭文化保守主义的内涵、成因及其评价[J].理论建设，2014(4)：95-98.

[7] 乐文城.辜鸿铭评传[M].天津：天津人民出版社，2016.

[8] 孔庆茂.辜鸿铭评传：第二版[M].南昌：百花洲文艺出版社，2010.

[9] 刘中树.1978-2008年辜鸿铭研究述评[J].吉林大学社会科学学报，2008(6)：79-86，155-156.

[10] 卢杨.走出道德困境：辜鸿铭儒家典籍英译的积极话语分析[J].合肥工业大学学报(社会科学版)，2020，34(1)：88-93.

[11] 孟凡周.论辜鸿铭文化保守主义及成因[J].河北青年管理干部学院学报，

2010，22(3)：51-54.

[12] 王娜. 以终为始，目的先行：以中外两种目的论视角浅析辜鸿铭和许渊冲英译《论语》[J]. 中国民族博览，2020(2)：100-102.

[13] 王燕，林镇超，侯博文，孙时进. 生命史权衡的内在机制：动机控制策略的中介作用 [J]. 心理学报，2017，49(6)：783-793.

[14] 吴思远. 辜鸿铭信札辑证 [M]. 南京：凤凰出版社，2018.

[15] 郑雪. 人格心理学 [M]. 广州：暨南大学出版社，2017.

[16] 钟慧林. 论辜鸿铭文化保守主义思想的成因 [J]. 高等函授学报（哲学社会科学版），2009，22(04)：36-38.

[17] 朱芳. 典籍英译中的语境重构策略探讨：以辜鸿铭英译《论语》为例 [J]. 北京科技大学学报（社会科学版），2020，36(2)：11-18.

丘吉尔的心理传记学研究

一、引言

温斯顿·丘吉尔（1874—1965 年），政治家、画家、演说家、作家、记者，1953 年诺贝尔文学奖得主，曾于 1940—1945 年及 1951—1955 年两度任英国首相，被认为是 20 世纪最重要的政治领袖之一，带领英国获得了第二次世界大战的胜利。丘吉尔从一个"笨学生"成长为一名军校学员、少尉军官、战地记者，最终成为一名政治家。

根据中国知网（截至 2020 年 12 月 6 日 16:00）主要主题分析的可视化结果（见图 1）得出，对丘吉尔的研究主要集中于个体生平、所处时代（罗斯福、斯大林）及个人作品（包括书评）上。

舒伯（Super）指出："生涯是生活里各种事态的连续演进方向，它统合了人一生中依序发展的各种职业和生活角色，由个人对生活的投入而流露出独特的自我发展形势；它也是人生自青春期以至退休之后，一连串有酬劳或无酬劳职位的综合。除职业之外，也包括任何和工作有关的角色，如学习者、受雇者、领退休金者，甚至包含了副业、家庭、公民等角色。生涯是以人为中心的，只有在个人寻求它的时候，它才存在。"金树人指出，由舒伯提出的定义中，可以总结出生涯的六个特点，即方向性、时间性、空间性、独特性、现象性、主动性。

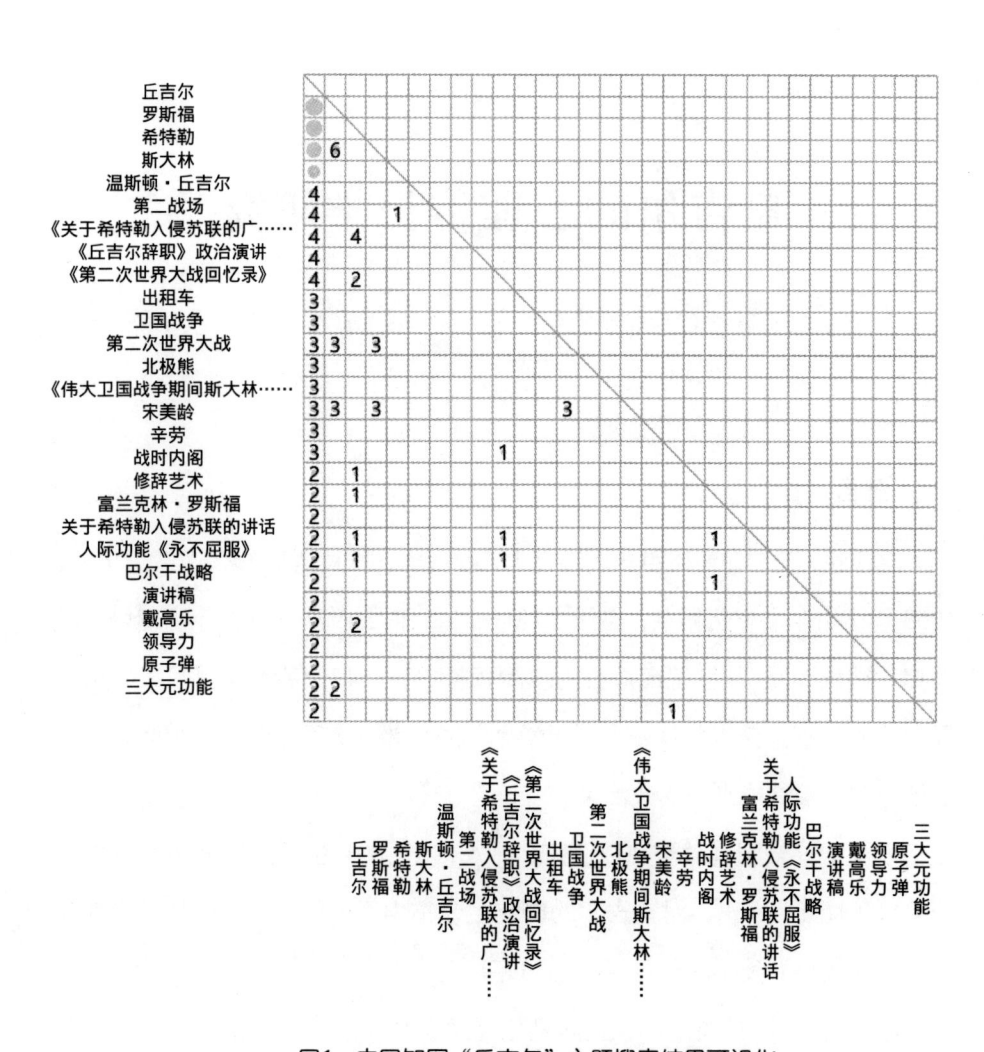

图1 中国知网"丘吉尔"主题搜索结果可视化

20世纪初，生涯研究的主要方法是特质和因素分析法；20世纪50年代之后，生涯理论逐渐从特质和因素分析法转向生涯选择，研究者开始重视职业发展和决策的内容。近年来，出现了重视个体在生涯中主动性发展的认知科学建构主义这一生涯理论。与此同时，人口学、家庭、人格、组织环境中的各要素对群体职业生涯的影响及生涯内部机制的探索也受到重视。但是，这种追求普遍性的生涯规律研究导向具有因素单一、浅层性、脱离实际情景等诸多不足。因此，本文选用了旨在追求个体差异性、探索个体深层生命规律的心理传记学方法对具有历史研究价值的丘吉尔的生涯状况进行研究。

心理传记学并没有统一定义，有学者将心理传记学的特点归纳为：（1）心理传记学以心理学理论与研究成果分析为主；（2）心理传记学研究追求个体的差异性，而不是寻求一种普遍的心理规律。它研究的是个体，而不是群体；（3）心理传记学研究的传主为历史知名人物，且不以后人对其的评价为准则；（4）旨在探求传主悬疑性问题背后的心理学解释，从而书写传主的生命故事。

鉴于丘吉尔的成长背景，本研究拟在生涯理论框架下，采用变态心理学理论对传主的生涯进行详细剖析。

生涯理论主要采用舒伯的生涯发展理论，在生活广度下，舒伯将人的一生分为五个阶段：成长、探索、建立、维持和衰退（见表1），这种阶段性的发展历程显示了生涯发展的成熟程度。五个阶段虽然各有其生涯特征和任务，但阶段之间彼此相关，相互影响。

表1　舒伯的生涯发展阶段与生涯发展任务汇整表

阶　　段	阶段特征	发展任务
成长期	在家庭或学校与重要他人的认同过程中逐渐发展自我概念，需求与幻想为此一时期最主要特质。随着年龄的增长、学习行为的出现、社会参与程度与接受现实考验的强度逐渐增加，兴趣与能力逐渐发展	1. 发展自我图像 2. 发展对工作世界的正确态度，开始了解工作的意义
探索期	在学校、休闲活动及打工经验中进行自我试探、角色探索与职业探索	1. 实现职业偏好 2. 发展出符合现实的自我概念 3. 学习开创更多的机会

续表

阶　段	阶段特征	发展任务
建立期	确定适当的职业领域，逐步建立稳固的地位。职位可能升迁，可能会有不同的领导，但所从事的职业不太会改变	1. 找到机会从事自己想要做的事 2. 学习和他人建立关系 3. 寻求专业的扎实与精进 4. 确保一个安全的职位 5. 在一个稳固的位置上安定发展
维持期	在职场上崭露头角，全力稳固现有的成就与地位，逐渐减少创意表现。面对新进人员的挑战，能够全力迎战	1. 接受自身条件限制 2. 找出在工作上的新难题 3. 发展新技巧 4. 专注于本务 5. 维持在专业领域内既有的地位与成就
衰退期	身心状态逐渐衰退，从原有工作岗位上退隐。发展新的角色，寻求不同的满足方式以弥补退休后的失落	1. 发展非职业性质的角色 2. 学习适合退休人士的运动 3. 做以前一直想做的事 4. 减少工作时数

首先，本研究着眼于在各种环境因素交错影响的前提下，个体做出生涯选择的自身因素，对当前注重一般人群普遍性规律的生涯研究现状具有一定的互补意义。丘吉尔成就了丰功伟业，在多个领域独领风骚，是什么原因造就了其在各界做出巨大的贡献与成就？同时又是什么原因促使这一具有天赋性及创造才能的个体罹患抑郁症？本研究设置了以下悬疑性问题：

悬疑一：丘吉尔的生命经验及其生涯发展经历了哪些事件？哪些事件是决定其生涯路程的关键事件？

悬疑二：丘吉尔为什么会患上抑郁症？

二、结果

（一）研究一：丘吉尔生命经历与生涯变迁

根据丘吉尔本人的生涯变迁特点，研究一将丘吉尔的生命经历划分为三个时期：幼年至从政前；一入政坛；二入政坛。同时将舒伯的生涯发展阶段理论与生涯发展任务作为心理传记的宏观理论嵌入其整个生涯历程，以便更好地观察丘吉尔生涯发展的宏观趋势。

1. 生涯成长期：幼年至从政前（1874—1895 年）

舒伯提出生涯发展阶段的成长期是家庭、学校与重要他人的认同时期，在这一时期中逐渐发展出自我概念，需求与幻想为此时期最主要的特质。随着年龄的增长、学习行为的出现、社会参与程度与接受现实考验的强度逐渐增加，兴趣与能力会逐渐发展。

（1）家庭认同

斯托尔（Storr A.）在《丘吉尔的黑狗：忧郁症与人类心灵的其他现象》中指出，其母亲貌美出众，生育丘吉尔时仅仅 20 岁，终日忙于社交，无暇顾及刚出生的儿子。这一说法在《永不屈服：丘吉尔自传》（以下简称《自传》）中也有写道："在我幼小的心灵中也和他们一样，觉得母亲光彩照人，她就像夜空中一颗璀璨的明星。虽然我与她不太亲近，但这丝毫不影响我对她的爱。"同时，斯托尔在本书中还指出，其父亲热衷政治，在童年关键时期冷落丘吉尔。这一说法在《自传》中丘吉尔写道："他对我的教育很失望，很快就写了一封措辞严厉的信给我，其中没有任何一句话表达对我考试成功的祝贺。他说我的考试只是侥幸通过，并且再三警告我不要成为'社会的不安定分子'。"

尽管如此，父亲伦道夫·丘吉尔却是丘吉尔产生进入政坛想法的启蒙者。《自传》指出："在我心里，这场会议大战甚至比我 8 月要参加的最后一次可怕的考试更加重要……我期盼自己快快长大，以便能够为他呐喊助威……我梦想托利党的民主有朝一日既能赶走那帮老师，又能击败激进分子。"丘吉尔在该书中是这么描述政治的："在我看来，政治富有生气，无比重要，因为只有具有非凡才智和独特个性的政治家才能掌握政治。"

（2）学校认同

丘吉尔的学业表现非常差，除历史、文学之外一无是处，并且考了三次才考进桑赫斯特皇家军事学院。在教师权威面前，他我行我素、毫不妥协，将叛逆视为发泄敌意的唯一途径。他在《自传》中写道："在两年多的学校生活中，我的内心始终处于焦虑之中，这使我对学校充满了憎恨。我的功课毫无进步，体育方面也没有任何起色。我整天数着日子盼着放假，以便能够尽早摆脱这段可恨的劳役生活……诵经时大家必须把脸转向东面……我依然直视前方，以这种方式表示我的抗议。我知道，我已经引起了'轰动'。"

（3）重要他人认同（人际关系）

丘吉尔在《自传》中写道，他与中学最好的朋友米耳班克一起对抗班长的权威（毒打），并最终获得胜利。在丘吉尔眼中，米耳班克说话老练、独一无二，可以与丘吉尔的父亲平等融洽地对话。

斯托尔指出，丘吉尔选择朋友的标准是这些人"是否是现实世界中的'活英雄'，是否是他内在世界的英雄翻版"。米耳班克在其一生中获得了最高的军事荣誉——维多利亚十字勋章，并在残酷的苏维拉湾战役中英勇献身。

2. 一入政坛

（1）生涯探索期：初入政坛（1895—1900 年）

尽管父亲对他相当冷淡鄙视，但丘吉尔仍然把他当作英雄去崇拜，并且急于向他证明自己的能力。1895 年，丘吉尔年仅 46 岁的父亲伦道夫·丘吉尔勋爵英年早逝，导致丘吉尔决定尽早退役开始政治生涯。

1899 年 11 月 15 日，在南非为伦敦《晨报》报道英布战争期间，丘吉尔在后来被称为"装甲列车事件"的一次袭击中被布尔人（荷兰在南非的殖民者）俘虏。12 月 12 日夜里至 13 日凌晨他成功出逃，在亡命了 10 天后——

其中包括在英国煤矿主名下的、老鼠横行的煤矿中躲藏了数夜，终于抵达了葡萄牙所属的东非，获得了自由。

正如丘吉尔在《我的早年生活》中所描述的："我到达德班时，发现自己突然成了炙手可热的英雄，我所受到的接待让我觉得我刚刚赢得了一场伟大的胜利。港口上彩旗飞扬，乐队和欢迎我的群众簇拥在码头上，我被人们举到肩头传递着，一直到市政厅的台阶前。"

丘吉尔因为被俘后的成功出逃，成了风靡一时的英雄，从而为自己开始政治生涯赢得了足够的名望，而从政一直是他的雄心所在。1900 年 10 月，25 岁的丘吉尔如愿以偿地当选为保守党兰开夏郡议会议员。

（2）生涯建立期：大放异彩（1900—1913 年）

舒伯指出，生涯建立期是确定适当的职业领域、逐步建立稳固地位的时期；是职位可能升迁、可能会有不同的领导、但所从事的职业不太会改变的时期。

由于丘吉尔发现其与保守党意见完全相左，1904 年 5 月，他转而加入自由党。不到两年，保守党便完全溃败。1906 年自由党执政，自由党政府邀请其担任殖民地事务部次官。接下来，从 1908 年担任商务大臣，到 1910 年担任内政大臣，再到 1911 年担任海军大臣，他在政坛大放异彩。这为他筹备英国舰队迎战德国奠定了基础。

（3）生涯维持期："一战"前后（1914—1929 年）

1915 年 1 月，丘吉尔批准了海军攻占达达尼尔海峡的计划，但最终却无法攻占并付出了巨大代价，这使得丘吉尔成为保守党猛烈抨击的对象。他在 1915 年 5 月被迫辞去海军第一大臣的职务。1916 年，他放弃了下议院的席位，作为一名普通士兵去前线奋战，继续为国奉献。

在那里，他指挥着皇家苏格兰毛瑟枪团第六营，直到 1917 年 7 月，他重新回到内阁办公室,被新任首相劳合·乔治任命为军需大臣。1919年至1921年,他陆续担任了陆军和空军大臣及殖民地事务部大臣。

1922年,自由党在大选中惨败,丘吉尔也再度落败,最终决定放弃自由党的阵营,回到保守党阵营。

1924年10月,新当选的保守党首相斯坦利·鲍德温邀请他担任英国的财政大臣,继承他父亲之前管理的部门。他在财政部任职时最为显著的政策是推动英国回归金本位制度。但很不幸的是,随后就发生了1929年的大崩盘,还有随后的经济大萧条。

(4) 生涯衰退期:在野岁月(1930—1939年)

1929年5月,英国再度举行大选,保守党和自由党均遭惨败,工党重新执政,丘吉尔从此开始了长达10年的在野期,进入他政治生涯的最低潮。自20世纪30年代起,丘吉尔与保守党的领导层及主流意识日益疏远,到30年代末,丘吉尔的政治盟友和议会中的支持者已屈指可数。

具有先见之明的丘吉尔早已看出世界将面临的黑暗和惨淡,他坚信这场灾难是可以避免的,于是竭尽全力向英国人民、美国和西欧不断发出危险警告,但无人理睬。不仅如此,他还被批判和辱骂为"战争贩子",在这些年中他经历了最严峻的考验和磨难,但他仍以十足的道德勇气和坚忍不拔的意志,不断呼吁和警告人们要警惕战争的到来。

1938年9月30日,慕尼黑会议结束,英法两国政府推行绥靖政策,极力游说捷克斯洛伐克政府接受将苏台德地区割让给德国的建议,以满足希特勒的侵略野心。1939年3月,德国吞并了捷克,斯洛伐克则在德国的支持下宣布独立,这宣告了绥靖政策的彻底失败。自此,要求丘吉尔重返内阁的呼声越来越高了。

3. 二入政坛

（1）生涯维持期：辉煌时刻（1939—1945年）

1939年9月1日，第二次世界大战正式爆发，张伯伦邀请丘吉尔加入战时内阁，并将其重新任命为海军大臣。由于战事进展不顺利，张伯伦建议由丘吉尔组建联合政府。

1940年5月13日，丘吉尔邀请工党加入内阁，组成联合政府并获得英国民众支持，他首次以首相身份出席下议院会议。

上任后的丘吉尔将持续高举自由的旗帜视为其首要任务，直到"横跨海洋的伟大共和国"从睡梦中苏醒过来。他将与罗斯福总统一起，领导着自由世界走向胜利。

（2）生涯衰退期：黄昏时光（1945—1963年）

第二次世界大战结束后，战时内阁解散，重新进行大选。原本信心满满的丘吉尔却在大选中惨败，这个出人意料的结果让丘吉尔十分震惊。1945年7月26日，丘吉尔正式卸下了首相职务。

1946年，丘吉尔在富尔顿发表著名的"铁幕演说"，为战后的世界格局奠定了基础。

1951年，丘吉尔又在大选中力挫所有对手，在担任反对党首领6年后，终于带领保守党取得了选举的胜利，在他76岁高龄之际再度出任。1955年4月5日，他在80岁寿诞之后在该岗位上光荣退休。

1965年1月24日，丘吉尔去世，享年90岁。

（二）研究二：抑郁症

研究者注重探索人口学、家庭、人格、组织环境中的各要素对群体职业生涯的影响及对生涯内部机制的探索。罹患抑郁症无疑是其职业选择道路中的重要节点。安东尼（Anthony）指出："写作之于丘吉尔，正是他在不由自主陷入低潮时用来对抗忧郁的利器。谈到他的绘画,这种心理机制的运作同样扮演了重要的角色。"

1. 抑郁症与生涯发展的联结

本研究采用变态心理学中的"生物—心理—社会的综合模型"对丘吉尔抑郁症的成因进行分析。

(1) 生物遗传

表 2　生物遗传因素

亲缘关系	生命故事
先祖 约翰·丘吉尔 第一代马尔伯勒公爵	长期罹患抑郁症,不时发作。马尔伯勒公爵身为军事指挥家,感受力特强,心情起伏很大,抑郁一来,冲动就跟着来,头痛起来,什么事都不能做,却必须百般强忍
父亲 第七代马尔伯勒公爵 伦道夫·丘吉尔公爵	也有同样的抑郁症。用心理学术语来说,就是躁郁轮替——飙起来的时候,精神、精力都飙到最高点,荡下去的时候,情绪、信心都荡至最低点
其他先祖 (最后面的七个马尔伯勒公爵)	有五个患有抑郁症(此说法是取自罗斯的著作)

(2) 心理异常的心理学解释

表 3　心理学解释

心理学模型	生命故事
心理动力学模型	心理冲突 本我:强势好斗,喜欢冒险 环境(现实):多愁善感,身材矮小,骨瘦如柴,总是受欺、挨打; 自我:无法采取应付措施缓解冲突
行为主义理论模型	学习导致异常行为经典性条件反射 无条件反射:父母不爱→自我否定强化→亲戚/家中其他成员不爱 条件反射:他人不爱→自我否定 表现:对奶妈将爱放在自己身上,认为完全非理性。对于被爱表现出惊讶,认为不是应得的

续表

心理学模型	生命故事
认知模型	不合理信念是导致个体心理障碍的原因之一 以偏概全：拒绝让自己休息或放松。1915 年离开海军部，1945 年竞选失败，认为自己乌云压顶、无所事事
人本主义模型	个体发展受到阻碍，难以发挥潜能 口吃：丘吉尔具有成为成功演讲家的潜能，但发展受到生理限制，不能正常发挥，导致异常行为

（3）社会文化模式

表 4　社会文化解释

主要影响因素	生命故事
原生家庭	母亲：貌美出众，生育丘吉尔时仅仅 20 岁，终日忙于社交，无暇顾及刚出生的儿子 父亲：热衷于政治，在童年关键时期冷落丘吉尔
人际关系	青年：过于争强好胜，得罪不少人；中年：麻木不仁，很少体会别人的感受 偏执：只要得过维多利亚十字勋章，就倾心相对，完全不计较对方个性
学业状况	学业表现：除历史、文学外一无是处 教师权威：在权威面前我行我素、毫不妥协，视叛逆为发泄敌意的唯一途径
社会阶级	达达内尔海峡之败：丘吉尔于 1915 年辞去海军部长之职，陷入严重抑郁症 竞选失败：1945 年公职空闲，乌云压顶而来 退休：1955 年退休后，应付人格障碍的机制停止，陷入抑郁症的深渊中

三、启示

生涯发展与辅导理论从职业指导的概念和理论发展而来，因此，在我国中小学及高校开展积极有效的生涯发展教育、就业指导工作和研究，对促进各级各类学生充分就业具有十分重要的作用。在各级各类学生生涯教育过程中，从心理发展角度去认识职业生涯发展，充分认识个体在不同阶段心理发展特征，有助于学生顺利而准确地把握职业生涯发展规律，了解不同阶段职业生涯的主要任务，进而帮助其规划人生。

生涯心理传记是帮助青少年理解职业生涯发展阶段的有效手段，在了解他人职业生涯过程中，思考自身在认知、情感、意志及个性发展方面具有的不同特点。同时，针对不同年级个体的学习任务及心理发展的不同，可以进行侧重点不同的职业生涯规划引导。比如，高中学生着重于自我同一性的获得与发展及寻找职业生涯发展的大方向；大学生着重于为实现职业目标进行有针对性的准备，如职业技能、职业素养、职业道德等，为自身顺利进入职业生涯做好最后的准备。

参考文献

[1] 金树人.生涯咨询与辅导[M].北京：高等教育出版社，2007.

[2] 谢义忠，宋岩.员工就业能力、职业自我效能感、工作不安全感对主观职业生涯成功的影响[J].中国人力资源开发，2017(5)：18-28.

[3] 温斯顿·丘吉尔.永不屈服：丘吉尔自传[M].丁晓花，译.南京：江苏凤凰文艺出版，2017.

[4] 温斯顿·丘吉尔.不放弃[M].子非门，译.湖南：湖南人民出版社，2020.

[5] 安东尼·斯托尔.丘吉尔的黑狗[M].邓伯宸，译.北京：北京大学出版社，2014.

[6] AN W, WESTERN B. Social capital in the creation of cultural capital: Family structure, neighborhood cohesion, and extracurricular participation[J]. Social Science Research, 2019, 81(2).

[7] GINZBERG E, GINSBURG S W, AXELRAD S, HERMA J L.Occupational choice: An approach to general theory[M]. NY: Columbus University Press, 1951.

[8] HOLLAND J L. Making vocational choices: A theory of vocational personalities and work environments[M]. Englewood Cliffs, NJ: Prentice Hall, 1985.

[9] LENT R W, BROWN S D, HACKETT G. Social cognitive career theory[J]. Career choice and development, 2002, 4(1): 255-311.

[10] LENT R W. Social cognitive career theory[C]// BROWN S D & LENT R W (Eds.), Career development and counseling: Putting theory and research to work (2nd ed.). New York: Wiley, 2013: 115-146.

[11] PLESSIS C D. The method of psychobiography: presenting a step-wise approach[J]. Qualitative Research in Psychology, 2017,14(2).

[12] SUPER D E. The psychology of careers[M]. NY: Harper and Row, 1957.

[13] SUPER D E. A life-span, life-space approach to career development[J]. Journal of Vocational Behavior, 1980, 16(3): 282-298.

[14] TSENG H, YI X & YEH H.-T. Learning-related soft skills among online business students in higher education: Grade level and managerial role differences in self-regulation, motivation, and social skill[J]. Computers in Human Behavior, 2019(95): 179‑186.

[15] XIE Y Z, SONG Y. The influence of employees' employability, career self-efficacy and job insecurity on subjective career success[J]. Human Resource Development of China, 2017(5), 18-28.

[16] YOUNG R A, DOMENE J, VALACH L Eds. Counseling and Action: Toward life-enhancing work, relationships and identity[M]. Dordrecht, The Netherlands: Springer Science & Media, 2014.

在"悲惨世界"中成长起来的喜剧大师
——卓别林

一、引言

　　心理学可以通过对人类动机的探析而实现对人性的解释,因而服务于人类。而心理传记学则是剖析相对于普通人来说的"非凡人物"的心路历程同其人生成就之间的关系,运用心理学理论通过传主的幼年经历解释其人格的形成,通过其人格形成解释其成年后的重大抉择,特别是那些让我们难以理解的"悬疑性"问题——它关乎历史人物最隐秘的一面,为那些处于"同一性危机"阶段的青年人,提供塑造自身完整人格和形象的模板。

　　查理·卓别林(Charlie Chaplin, 1889—1977年),英国影视男演员、导演、编剧,无声电影时代最富创造力和影响力的喜剧大师。出身平凡,父亲酗酒早亡,母亲精神失常也无法给予他足够关注,青年时在哥哥推荐下投身于喜剧表演和创作。先后经历四段婚姻,前两段极其失败的婚姻对他的打击几乎要了他的命,也对他的喜剧创作影响极大。

　　关于喜剧是什么的问题,笔者将它理解为人们对理想化生活的外化。而对于一代喜剧大师卓别林来说,他又是怎样理解他从事了一生的喜剧创作的呢?他几乎是在一个极其悲惨的世界中创作出一部又一部经典的作品的。悲惨的童年、挫折的婚姻、黑暗的社会,对他的创作造成了怎样的影响呢?

二、直接学习与观察学习使其走上喜剧舞台

1894年，英格兰阿尔德肖特的一家剧院正在上演歌舞剧，舞台上一位中年女演员正在卖力地边歌边舞着，突然她被观众中传来的嘘声和哄闹声惊呆了，几次张口都没能唱出来，终于被无礼的观众轰下台去。这时，一个五岁左右、穿着整齐的小男孩从侧幕走上台来，自告奋勇地告诉舞台监督，他可以接替母亲演下去。观众被这可爱的小男孩感动，纷纷要求让他来表演。舞台监督只好问："你叫什么名字，孩子？"孩子响亮地回答："卓别林。"卓别林成功了，他赢得了观众的掌声和喜爱。

从心理学角度来看，人的学习有两种方式：一是通过亲身经历直接得到反馈；二是通过对他人行为和结果的观察而间接学习。看着母亲在舞台上表演获得名誉与金钱，以及母亲因无法再表演而失去名誉与获得金钱的机会，强化了小卓别林潜意识里对表演的渴望。五岁首次登台就获得了观众的掌声，这是他对于表演的直接体验。多重强化之后，表演在他眼中是一个获得名誉和金钱的工具，所以在后来有机会参与表演时他毫不犹豫地就去了。

三、归因偏差——这都是我的错？

根据弗里茨·海德的归因理论，任何人对事件进行归因时，均存在内部和外部两个方向。卓别林之所以会患上严重的抑郁型人格障碍及后来严重的抑郁症，是因为他将周遭经历都归因于自己，以致产生了强烈的内疚和自罪倾向。

同许多父母生病或家庭破裂的孩子一样，他也产生了强烈的内疚和自罪感。七岁时，他同母亲第一次长时间分离，在汉威尔学校遭受冤枉被指责为放火者，他没有否认这种指责和惩罚，而是不由自主地招供。这是一场毫无意义的赎罪，但卓别林宁愿受惩罚。他经历了一次忍耐力的考验，控制住了

自己的痛苦。不安全的依恋、父母关爱的缺失会增加孩子患抑郁型人格障碍（Depressive Personality Disorder，即DPD）的风险。抑郁型人格障碍是一种始于童年或青少年早期并一直延续至成年期的抑郁认知和行为的普遍行为模式，它并不是只发生在重度抑郁发作期间，也无法通过心境恶劣障碍来解释。

几乎所有发展理论都认为，父亲在儿童的性别角色认同中起着关键作用。弗洛伊德将父亲描述为儿童眼中的保护者、教育者和自己未来理想化的形象，儿童的认同作用（指个体潜意识地向别人模仿的过程）会使其将父亲作为榜样进行模仿。卓别林也不例外，父亲老查理酗酒成性，在小卓别林一岁时就离家出走，后来为数不多的几次见面后，他开始模仿父亲吃饭的姿态，甚至犯了和父亲一样的呼吸困难症。1926年，有一个老人到摄影棚来找儿子，卓别林伤心地说："这是为什么？是父爱吗？我从来没有这样一心一意来找过我的父亲。"被遗弃的感受加深了卓别林的自卑与抑郁。由于缺少父爱，母亲便成为他一生中占支配地位的力量。小卓别林五岁时，母亲由于健康状况不得不终止了舞台生涯，迫使她和两个儿子四处流浪。母亲又因为被诊断出精神分裂症而无法对小卓别林和哥哥给予足够的关注。而且外祖母希尔也患过同样的病，卓别林常常担心自己甚至是自己的孩子有一天也会精神分裂，这也加深了他对未来婚姻和成为父亲的恐惧。

四、"力比多"释放途径——喜剧表演

弗洛伊德认为，性冲动是人类大部分行为的心理动力根源，是力比多（libido）的具体表现形式。力比多是促使生命本能去完成目标的能量，是自然状态的性欲，是身心本能及能量的表示。但力比多只是为生命提供动力，这些力量往何处释放取决于幼年期的人生经历和情绪体验。卓别林在童年期由于归因偏差形成的自罪、抑郁，将力比多压抑在内心深处，而喜剧表演则

很好地释放了他的力比多，并增加了他的控制能力。

卓别林在童年时期受到的不稳定的、时有时无的父母养育是造成他成年危机的主要根源。父爱母爱的严重分裂、不安全的依恋关系、父母关爱的缺失，使他形成了抑郁型人格障碍，渴望别人的爱抚尤其是母爱式的感情；自惭形秽感、孤独感、愤恨，常常表现为内疚形式的自怨。卓别林自己也承认，他常常过分自责、缺乏自信心、"极度的羞怯"。感情脆弱的根源在童年，应对感情脆弱的方法也产生于童年。他发现，可以通过艺术将自己的情感很好地表达出来，可以在经济上和心理上控制自己的生活。艺术给了卓别林控制力，不仅控制了别人的感情，也控制了自己的感情，通过有目的地表达自己的感情来控制住这种感情而不被感情控制。

再比如，他将愤怒情绪隐藏较深，虽然偶尔也猛烈地爆发出来，但通常是通过更微妙的形式来表达，如机智的嘲讽、滑稽的恶作剧或内疚感。他形容幽默是一名对思想进行监护的温顺善良的保护人，可以防止人们被生活中明显出现的严肃性压倒和被驱赶到发狂的地步。所以，他选择喜剧创作作为对由悲惨经历带来的情绪和感受的表达方式，最早的影片便已包含了他早年的阴影——贫穷、饥饿、失业、下贱的工作、孤独和屈辱。

五、婚姻失败——死本能凸显

卓别林成年后所经历的危机和打击不亚于童年经历，尤其是他的前两次婚姻，对他的性格和作品产生了强烈影响。根据弗洛伊德关于死本能的描述，他认为死本能是生命本能的一种形式，终极目的是从生命状态回到恒定不变的无机状态，它有两种形式：向外投射为破坏性、攻击性、挑衅、侵略等；向内投射为自我谴责、自我惩罚、自我寻死等。而卓别林在两次婚姻中以及婚姻失败之后都表现出向内投射的死本能。

29岁与第一任妻子——16岁的米尔德丽·哈里斯结婚，据说这次婚姻是奉子成婚。可是结婚后，卓别林发现哈里斯并没有怀孕，他感到自己受到了欺骗。又因为第一个孩子是畸形儿，生下来三天就夭折了，卓别林的第一次婚姻便以离婚而草草收场……这场灾难性的婚姻扰乱了他的生活，使他回忆起了童年的家庭关系，夸大自己的罪责，出现了严重抑郁和自虐。卓别林的死本能体现在各个方面，包括离婚后与波拉·尼格丽恋爱，但最后取消婚约，因为卓别林经常激怒别人以使自己遭到别人拒绝。然后与16岁的丽泰·格雷结婚，卓别林也是在不自觉地重复着痛苦的经历。丽泰与哈里斯十分相似，她们当时都是16岁；都像卓别林一样，在事业上受过母亲的培养；两个人都主动鼓励卓别林同她们亲近；他使她们俩都承担着怀孕的风险，不得不同她们结婚，而又同她们无法和谐相处。

卓别林的第二次离婚对他的打击更大，丽泰的律师们采取恶意中伤策略报复、损害他的声誉，搞垮他的事业。他们耸人听闻地指责卓别林试图诱使年轻的妻子采取"不正常的、不自然的、变态心理的、堕落的"非法的性行为，以达到腐蚀她的目的，几乎使他永远停止工作的危机确实给予他严重的打击。生活中他唯一能控制的只有工作。对于第一个孩子的夭折，他感到自罪和焦虑，所以在丽泰怀孕时，他拼命于《马戏团》的拍摄，越是那些要他亲自冒险或使自己遭受肉体痛苦的场景，他就越要反复地拍。在他的坚持下，走绳索的一场戏重拍了七百多次，有时他的身上爬满了猴子，在狮笼里的镜头也重拍了二百多次。这是一种精心策划的游戏，使他可以有效、安全地控制自己的焦虑和内疚感，这也是他死本能的体现。

死本能凸显在他喜剧生涯的转折点中也有体现。这些经历和情绪体现在他的喜剧创作变化中——《淘金记》及其之后的影片，开始出现不好的结局，甚至连《淘金记》的结局也进行了改动，加了一个意义不明显的镜头——卓别林和乔吉娅手拉手地走远了，然后淡出屏幕。这样的结局可以在大多数无声片及 1942 年配音后重新发行的影片中见到。卓别林越来越喜爱这种消极的或意义不明确的结局，就像早些时候他从积极的忍受转移到消极的忍受一样，这种偏爱是同卓别林的生活遭遇紧密相连的。后来《城市之光》表现出的阴暗的、隐藏的感情；卓别林踽踽的步伐所显示的含蓄而无言的苦难；或者那个离婚的百万富翁一直想自杀的念头，到处都让人感受到这个世界带给人们的难以想像的伤害——这一切都源于卓别林当时的切身遭遇。在这种转折之后，他的作品开始区别于以前的作品，变得更加有深度，他的才能得到了完美的展现。卓别林的崇拜者有时很难理解其在 20 世纪 20 及 30 年代初日臻完美的艺术才能与个人生活一败涂地之间的同步关系。

卓别林对个人生活暂时的失控实际上推动了他对影片至善至美境界的不屈不挠的探索。他常常故意挑起事端引来痛苦又决心去面对和克服这些痛苦的努力，给他的创作带来了感情上的原动力，使他成功地将悲剧与喜剧、痛苦与欢乐融为一体。假如卓别林没有经历过这些个人危机，他也许永远不会处理好同宝莲·高黛和乌娜·奥尼尔之间比较成功的婚姻。假如他没有受到将个人的不幸转移成艺术的压力，他就会缺乏成长为电影导演所需的那种刺激力量，其事业顶峰就会仅限于为互助公司拍片的时期，而不会有《寻子遇仙记》《淘金记》《城市之光》和《摩登时代》，从而也就不会产生"卓别林式的"这样的形容词了。

六、结语

卓别林是悲惨世界中的喜剧大师，他的职业开端于直接和间接学习，童年父母关爱的缺失导致的归因偏差，使他产生了抑郁和自罪倾向，他选择以压抑的方式来应对，而喜剧则成了他本能的释放方式。成年后婚姻的失败唤起了他的抑郁和自罪倾向，使他的死本能凸显，使得他的喜剧作品有了质的变化，变得更加有深度和有内涵。

无论卓别林影片的发展还是他的许多表面上看来令人费解的特征——他的苦行生活、从事冒险的冲动、不断想到自杀和可怕的事情、一直受到需要控制感情的困扰、叛逆心理、感情上的矛盾，以及容易招惹是非的本领——都同他的精神抑郁症有关。一方面，卓别林竭力掩盖自己的抑郁症；另一方面，周围的多数人也不愿意觉察出他的这种病态，只将其看作是古怪天才的不可捉摸的表现而已。

在悲惨世界中成为一名喜剧大师，其中有许多因素是值得我们思考的。首先，在选择职业的过程中，可以从体验中直接学习，也可以通过观察别人的经历间接学习，多了解一些才能做出更加理智的决策。卓别林就是在自己的体验和观察母亲的表演中强化了自己的职业目标，选择了喜剧表演这一职业。其次，要悦纳自己，客观分析事件的原因，不要一味地做内归因，自责自罪。最后，还要看清形势，结合自身特质累积经验，不断与环境相适应。比如卓别林的喜剧，从简单的好笑到后来有深度、有层次的表达，就是通过不断适应职业环境和积累经验实现的。

参考文献

[1] ABERBACH D. Chaplin: Of Crime and Genius[M]. Charisma in Politics, Religion and the Media. Palgrave Macmillan UK, 1996.

[2] CHARLIE C. My Autobiography[M]. Penguin, 2003.

[3] DAVID R. Chaplin: His Life And Art[M]. Penguin, 1985.

[4] FITZGERALD H E, MANN T, CABRERA N, et al. Diversity in caregiving contexts[J]. Handbook of psychology, 2003: 135-167.

[5] KURIYAMA C B. Chaplin's impure comedy: the art of survival[J]. Film Quarterly (ARCHIVE), 1992, 45(3): 26.

[6] 沈德灿. 精神分析心理学[M]. 杭州：浙江教育出版社，2005.

[7] 舒跃育. 历史名人的心理传记[M]. 北京：中国社会科学出版社，2017.

[8] 许颖. 卓别林传[J]. 电影文学，1995(05)：54，62.

[9] 张建人，彭松黎，凌辉，刘佳怡，甘义，林红，彭双，申改华. 抑郁型人格障碍早期危险因素调查[J]. 中国临床心理学杂志，2019(05)：923-927.

毕加索的回避与渴望

一、引言

巴勃罗·毕加索(Pablo Picasso,1881—1973年)无疑是20世纪最伟大、最有影响力的画家之一。在他50岁之前,这位出生于西班牙的艺术家已成为现代艺术中最著名的存在,他用他那鲜明的风格和敏锐的艺术创作眼光,带领艺术走出至暗时刻,走向一种新形式的光明。毕加索永不枯竭的创造力令人赞叹不已,即便是逝世后,他作为画家的价值和带给其他画家的灵感仍然在不断增长。毫无疑问,他注定要成为人类历史上最伟大的艺术家之一。本文将选取毕加索绘画中最常用的两个意象——公牛和女人,寻找其中令人感兴趣的问题。

他常把自己比作公牛,把自己想象成一个充满活力的男子汉,而他所描绘的女人的形象则通常是扭曲的,特别是从他为连续几任恋人绘制的一系列肖像画中我们可以发现,她们的形象逐渐从理想化转向扭曲。他声称自己绘画是出于一种需要,从而打破了艺术上美化女性的传统。不管怎样,艺术界最终接受了它们,甚至庆祝它们,有些甚至成了标志性的作品。毕加索的女性肖像作品主要是出于风格上的冒险,还是出于某种无法解释的需要而对女性进行攻击,还是两者兼而有之呢?为什么毕加索觉得像他那样描绘女性是必要的,而不是像伦勃朗或雷诺阿那样用怜悯和鲜艳的手法描绘女性?

二、"女神"和"擦鞋垫"

毕加索曾对他的情人弗朗西斯说过："世上只有两种女人，女神和擦鞋垫。"（There are only two types of women—goddesses and doormats.）如果如他所说，那么他创作的一系列恋人的肖像画则是现实中的他将女神变成擦鞋垫过程的注脚。他 15 岁就出入妓院，成年后与数不清的女人有过性关系。在他生命里几个重要的女人中，情人玛丽·泰蕾兹·沃尔特和第二任妻子杰奎琳·洛克在他死后不久即选择自杀；他的第一任妻子奥尔加·科克洛娃和情人朵拉·玛尔，最后也都罹患了精神病。他的孙女玛瑞娜·毕加索在《毕加索：我的祖父》中这样评价他："他让她们屈服于他的原始性冲动，驯服她们，迷惑她们，把她们吞入，最后压到画布上。他花费数个夜晚摄取她们的精华，等她们完全被榨干后，就把她们处理掉。"这话显然有夸张的成分，但毕加索对女性的施虐及他时不时出现的厌女情结是真实存在的。本文将借助依恋理论、弑父情结和自恋分析，从他的孩童时期开始逐步探讨这种现象背后的成因。

三、回避与依恋

早期依恋风格的形成和个体早期经验密切相关，早期依恋类型在 6 岁和 10 岁时以最初的形式被观察到，最终往往成为孩子根深蒂固的人际关系模型。毕加索从出生开始就带有戏剧性。他出生于西班牙的一个小镇，诞生于一次难产，并一度被认定为是一个死胎。在他出生时，护士任凭他躺在桌子上不管不顾，而去看护他的妈妈。直到他的大伯朝他脸上吹了一口烟，他才有了反应并哇哇大哭起来。他的父亲何塞比她母亲玛利亚大 17 岁，但父亲很少出现在他早期的生活里。他在母亲、祖母、两个姨妈及女佣的照料下长大，这些人都无一例外地溺爱他。理查德森评价道："这些经历造就了他后来在厌女情绪和亲近女人两种倾向之间的游离：一方面，他有对她们的爱和关注永不满足的需要；另一方面，他厌恶她们对他任性有时却是无心的操纵。"理查德森的评价是令人信服的，这很好地概括了毕加索早期的生活环境。

此外，有学者认为，玛利亚因为生下毕加索而筋疲力尽，可能患上了产后抑郁症。在经历了分娩难产后，她震惊地发现自己生下了一个死婴。理查德森说，因为"母亲恢复体力的速度很慢，洗礼被推迟了"，但早期陪伴的中断比推迟洗礼更值得注意。一份资料显示，毕加索的表兄曼努埃尔·布拉斯科曾说过，他的母亲曾是毕加索的奶妈（因为玛利亚身体太弱，无法给婴儿提供母乳吮吸）。因此，毕加索不仅在出生时差点死掉，而且他的喂养和照料工作也转移到了另一个女人身上。这位"替代母亲"很可能在照顾额外的婴儿上有所疏忽。这种替代照顾的持续时间也是未知的，但是陪伴的中断对于母子之间持续的依恋有着重要意义，这表明毕加索的母亲比平常人更担心他，两人都可能遭受过某种程度的分离焦虑。他可能认为母亲是冷漠的，并感觉自己在生命的开始就被抛弃。

结合上述材料，我们有理由推断这些因素促成了毕加索回避型依恋人格的形成，因此我们将主要从回避型依恋这个角度来分析毕加索。

回避型依恋被描述为母亲和婴儿之间相互防御的结果，回避型婴儿的母亲通常忽略婴儿寻求关注的信号。一般来说，母亲和婴儿之间安全依附的关系是最可取的，而回避型和抵抗型则可能导致人格发展的不协调。回避是孩子在母亲没有回应的情况下的一种自我保护策略，它预示了后来毕加索人格中的冷漠和不屑一顾。回避是一种自我保护，因为它主张与自己的照顾者断开联系的自主权。但它也是一种自我挫败，因为切断联系意味着切断了自己最需要的部分。从这个意义上说，这是为了生存而采取的一种绝望的补救措施。虽然在应对母亲的冷漠或无能时似乎是合理的，但早期的回避会建立起一种僵化的状态，阻碍之后健康情感的发展。我们可以推测，这种发展状态助长了毕加索后来反复无常、充满不信任的爱情生活。

回避型的人倾向于远离恐惧和过度控制，试图保持他与母亲及后来与其他女性所拥有的那一点点安全感。他会因为感觉到与安全的依附关系被切断而愤怒，但由于公开的愤怒是有风险的，因此它很可能采取隐秘的方式。杰里米·霍姆斯曾对此评论道："这可能是因为孩子需要迫切地接近母亲，回避型的反应是孩子一种抑制自身侵略性来安抚母亲因自己的迫切接近而产生的焦虑。但如果他过于公开地表达自己的需要，或表现出被遗弃的愤怒，他害怕母亲会断然拒绝他。"这一观点与毕加索对女性或多或少隐藏着的愤怒的描绘直接相关。

当然，早期的分离并不是持续的，这种关系在玛利亚回到毕加索身边后有所逆转。当时的毕加索因为是大家庭中唯一的男孩，一直受到母亲、姑妈及女佣的宠爱。但是接下来的经历加深了毕加索的焦虑、恐惧，并助长了他回避型依恋人格的形成。

当毕加索三岁时，马拉加发生了一场地震，全城破坏严重，而就在几天之后毕加索目睹了妹妹劳拉的出生。年幼的毕加索把这场地震同劳拉的出生联系在一起，永远烙印在自己的记忆中。学者米勒曾对此评论道："一个三岁小孩在地震和家人逃亡的混乱中目睹了妹妹的出生。从一个三岁孩子的角度来看，一个正在分娩的女人会是怎样的？当一个痛苦挣扎的女人恰好是他的母亲时，这个小男孩的心理会发生什么？所有这些都发生在刚刚被地震震动过的环境中。小男孩不得不抑制自己的感情，但许多画面无疑仍留在他的记忆中，尽管它们与背景分开了。"

在之后的一段时间内，毕加索一家又经历了葡萄园的虫灾，这使得他们的生活变得越来越贫困，他母亲的性格也变得越发多疑而暴戾。哈芬顿在书中写道:"玛利亚,时而多病和任性,时而怠慢和严厉,但她生命中有一个事情是不变的:她总是在意她的儿子。"母亲的这种转变,使得毕加索早期不安全感增加,而这种不安全感助长了之后生活中毕加索对遭遇背叛后的愤怒情绪。此外,早期的不安全感和分离也能用来解释毕加索五岁时形成的学校恐惧症及孩童时期的任性。他的确是在"逃避"一个沮丧的母亲,但又无法忍受与她分离。(据记录,毕加索经常被女佣卡门粗暴地拖到学校,这可能也加强了他对具有强迫性行为的女性的回避。)毕加索十岁时,一家人从马拉加搬到克鲁尼亚,此后,他一直抵制上学和知识性的学习。盖多指出,毕加索可能因为劳拉的出生而遭到了一定程度的忽视,这使他十分愤怒,再加上他对溺爱他的母亲的理想化,使他年轻时叛逆的独立既强迫又痛苦。他把他"蓝色时期"画作中悲伤、贫困的女性看作是对他担心自己的独立主张可能会使母亲产生焦虑的注脚。毕加索早期对描绘圣母的偏爱表明他一直保持着自己对母亲的理想化。

四、"杀死父亲"

回顾毕加索早期与父母的关系时我们注意到,毕加索对父亲的态度是矛盾的。在童年时期,他的父亲何塞是最支持他绘画的人,他带他进入了绘画的殿堂。起初,他对父亲充满了尊敬,但随着年龄渐长,他开始厌恶他的父亲。他认为父亲的绘画古板,这可能助长了他之后排斥学院派绘画的心理。他从心底排斥父亲的说教,但又不得不依靠父亲。1896年水彩画的署名暗示了毕加索对父亲的排斥——他以他母亲的姓而不是他父亲的姓来作为一个专业艺术家的署名。毫无疑问,他想把自己与父亲平淡无奇的艺术撇清关系。

他的父亲很早就发现了毕加索有超越自己的绘画天赋,并竭尽所能地支持毕加索,为他规划好艺术之路。但是何塞与青少年的毕加索联系太过紧密，以至于他将毕加索幻想成自己事业的延伸，想干预毕加索的绘画事业，他希望儿子能成为一个像自己一样的美术老师，这样自己就不再需要为生活而奔波，而是可以没有顾虑地安心画画了。此外，有资料显示，当他的儿子帮他完成一幅鸽子的油画时，他的自尊心降到了低谷，他将他的颜料交给他的儿子并声称自己想放弃绘画（虽然他之后并没有）。也许就是因为父亲的让步和他对儿子的控制让毕加索越来越反感他，他认为他的父亲无能，没有资格约束他。

毕加索曾对他少年时期的好友贝尔吉纳说："在艺术上，一个人必须杀死他的父亲。"这无疑是毕加索"弑父情结"的最好证明。毕加索与父亲同性，所以他起初模仿父亲，以父亲为榜样，希望可以把父亲的心理特点和品质吸纳进来，成为自己心理特征的一部分。母亲爱父亲，而他希望通过模仿父亲而得到母亲的欢心。随着他年龄的增长，他发现他的父亲做出了让步，因此他认为自己足够强大以至于可以取代父亲。但这种事情显然是不被道德允许的，因此毕加索始终有一种对父亲的崇拜感和内疚感。虽然他从来没有当面感谢过他的父亲，但他把理想化的父亲高大的形象投射到了艺术中："每当我画一个男人，我就会不由自主地想起我的父亲……只要我还活着，我就永远爱他。"毕加索渴望回报父亲，但他又不自主地回避父亲，他不希望让别人看到他低头的一面（或者说他不希望让别人认为他古板的父亲对他自由的创造做出过很大贡献）。因此，对于毕加索而言，这种回报也许只能在父亲死后实现。在20世纪50年代，当他以父亲最喜爱的象征——鸽子的形象创作的和平鸽成为闻名世界的偶像之际，他声称用鸽子偿还了父亲的恩情。

毕加索的母亲玛利亚曾这样评价毕加索："他小时候是美的天使也是美的魔鬼，谁都想去多看他几眼。"她说她被他迷住了，但也有些害怕，因为他是一个神童，还不会说话就会画画。我怀疑这里面有夸大的成分，但从中可以看出母亲和婴儿之间早期中断的关系的逆转，并且正如弗洛伊德恋母情结描述的那样，毕加索和母亲建立了非同寻常的亲密关系。这种关系加大了毕加索努力成为母亲喜欢的理想的人（画家）及"杀父娶母"的愿望。

但是，母亲的多疑和暴戾及周围女性的溺爱和支配，让毕加索产生了对女人的厌恶感，并且这种厌恶感下隐藏着对成为女人的恐惧。他害怕成为女人，害怕成为像她们那样令人不安且"无能"的人。这种厌恶感和隐藏的恐惧感是通过男子气概来体现的。他时不时向公众展现"我是个男人"的一面，以达到使自己与女性分开的目的，这是安达卢西亚男孩最典型的成长环境。正是这种西班牙文化中的男子气概，促使毕加索在绘画（公牛的意象）或政治（加入共产党）上展现自己"男人的力量"，但这也使他在生活中对女性有更多的支配感，使他能更多地展现他的性欲，并且不轻易向女性妥协。当他认为女性背叛他时，他会用愤怒来展现他的男子气概并狠心地将其抛弃。也因此，当他最终失去了自己与女人不同的最根本特征（性能力受损）时，他变得更加暴躁和不可预测。

但毕加索也不总是能战胜女人以使自己成为女人的恐惧，他也会展现出妥协的一面，尤其是在他晚年时期。他曾开玩笑地向他的情人吉纳维芙·拉波特倾诉："我是一个女人，每个艺术家都是女人。"他对吉纳维芙所说的话传达了他童年时期可能发生的担忧——他成长的家庭以女性为主，性别被同化。毕加索接受了自己在某种意义上是个女人的事实，但这种恐惧并没有得到永久的缓解。毕加索曾对死亡有过这样一个评价："我无时无刻不在思考死亡，她是唯一一个永远不会离开我的女人。"但事实上，死亡是他一生都在恐惧且无法回避的事，他将死亡与女人联系起来，足以暗示他仍在恐惧女人。

不管怎样，毕加索"成功"克服了被母亲、阿姨和姐妹同化的恐惧，克服了成为女性的恐惧，这也使他的性别认同变得反常并通向大男子主义。我们可以推测，在没有一个强大的、受人尊敬的父亲的情况下，大男子气概确实是实现这一目标的手段。一项跨文化研究发现，在疏离的父子关系、男性吹嘘自己的力量和性能力、参与战争和要求女性服从的可能性之间存在着非常显著的相关性。

五、"我即国王"

在毕加索死后，其最珍惜的物品得以被公开，其中就有一个账簿样子的草稿本。这个来自20世纪初的草稿本中记录了他不为人知的一些速写，其中一页上写着龙飞凤舞的字——"我即国王"。和许多传记作家一样，笔者也认为这是毕加索自恋人格的最好概括。

毕加索对于自己的绘画天赋是自恋的，这可以从他总是戏剧性地描述他的记忆这一点上看出来（见表1）。这些记忆最后大都被证明是有误或过分夸张的。客体关系的精神分析认为，自恋首先作为一种保护机制和防御策略而存在，意味着将所有投注从客体撤回而转向自体。在这层含义中，所有旨在获得满足的倾向和幻想都是自恋的，它们的特点是从客体撤回而转向自体，导致对自体的力比多投注增加，从而成为反对客体导向倾向的防御策略。在毕加索的早期生涯中，母亲总是无条件地夸赞他的绘画及天赋，而父亲也逐渐在绘画上向他屈服。毕加索总是贬低学院内教授的绘画。因此，很有可能毕加索在绘画上已经没有可以投注的客体，因而转向自体。在"玫瑰色时期"结束后，他的绘画造诣开始被人认可，但这种认可很快就变成了过分的追捧。这些追捧无疑加大了他的自恋程度。在成名后，他把那些一味追捧他、簇拥在他身边的人比作苍蝇，时不时就要远离他们，但他又对那些批评他绘画的评论十分愤怒。这种回避与渴望正是他过分自恋与回避型依恋交互作用的体现。他害怕丧失自我的独立性，害怕自己不像别人想象中那样完美而失去他人的赞美，但他又不希望自己与他们过于接近。

表1　毕加索夸大早期绘画天赋的部分典型表现

事　　件	资料来源
"我从来没有画过儿童画，从来没有，即便是在我很小的时候。我记得我画的第一幅画，那时我大概六岁，甚至更小。在我父亲的房子里，那儿的走廊上有一个手持棍棒的赫拉克勒斯（Hercules）雕像，然后我就画了赫拉克勒斯。"	《毕加索传——创造者与毁灭者》
"由于是一个坏学生，我被关进了'牢房'——那是一个空空的，墙壁粉刷得雪白的小屋，有一条板凳可以坐。我喜欢那儿，因为我可以随身携带一个速写本，不停地画画……我觉得是因为我引发了事端所以老师们才惩罚我。我被孤立了，没有人打扰我——于是我画啊，画啊，画啊。我能永远待在那儿一直画下去。确实，我所有的生活都陷入了画画的习惯中，但在那个小屋里有着一种特殊的乐趣——难以解释。并不是说我希望超过别人，而是希望工作——那是一个人必须总是要做的事。"	《毕加索传：1881—1906.卷一》
1946年，当毕加索参观一个由英国文化协会组织的儿童画展览时，他再次想到这些作品，并夸耀说："作为一个孩子，我从来也没有参加过这样一种展览：十二岁时我就已经画得如同拉斐尔了。"	《毕加索传：1881—1906.卷一》

自恋的错误保护机制使毕加索变得更加复杂。自恋似乎是为了防止心理上受到伤害，因此它严重限制了对彼此爱的接触。由于自恋的人把注意力集中在自我而忽略客体，因而危及了维持生命和增进感情的关系，这导致毕加索描绘的只是色情，而不是对另一个人的爱。这种微妙的偏差可能在他的名言中得到了体现："到最后，只有爱。不管它是什么。为了使画家能唱得更好，他们也应该像对待金丝雀那样把画家的眼睛挖出来。"自恋仿佛遮蔽了他的眼睛，也遮蔽了他的爱。

自恋的另一个极端特征就是浮夸，自恋者坚信自己有权实现自己的每一个愿望，而不用考虑对其他人造成的后果。玛利亚曾写道："我相信，对你来说，一切皆有可能。如果有一天他们告诉我你做过弥撒，我也会相信的。"这表明了她不切实际的幻想，在儿子身上植入和培育了不现实的自我形象，这种膨胀很可能从一开始就是毕加索和他母亲关系的典型。弗洛伊德曾说："伟大的人通常都有伟大的母亲。"但弗洛伊德也看到了恋母情结的风险以及随之而来的自恋，这一点毕加索没有清楚体会到。从哈芬顿的传记到毕加索孙女玛瑞娜尖刻的回忆录，毕加索被指责为在人际关系和家庭成员的关系中麻木甚至残忍。这种自恋的艺术天赋的培养付出了可怕的代价，就好像金丝雀的眼睛真的被挖出来了一样。他自我蒙蔽，没有看到他唱出的迷人情歌葬送了多少美丽的灵魂。

根据当代精神分析学家菲尔·莫伦对自恋的另一种解释："自恋人格并非源于与母亲本身的分离，而是源于母亲心目中孩子的形象，即孩子觉得自己被迫去做与母亲的幻想相符的事情。他可能因此认同母亲心中的一个理想化的形象，导致一个浮夸的自我形象——这个形象可能与一个高度负面的形象共存，即母亲拒绝他的心理幻想。"玛利亚在毕加索婴儿时期就声称自己看到了他兼具天使和魔鬼的双面性，却崇拜他的美。自恋者的母亲只会对"孩子那些符合她自己欲望的方面"做出反应，从而培养出了唐纳德·温尼科特所说的"虚假自我"。虚假自我顺从了母亲的愿望，阻碍了婴儿和孩子真正成长的冲动。依恋理论中提到的防御性回避及强迫性防御的矛盾心理，都与母亲如何被自恋的孩子内化的描述相一致。

六、"驱魔"

毕加索曾经相信，画家就像部落里的驱魔人，可以唤醒恶魔并驱逐他们。笔者相信这是一个隐喻。毕加索曾说过："如果我们给灵魂一种形式（威胁），我们的灵魂就能获得自由。"威廉·鲁宾把毕加索和达·芬奇的动机进行比较后说道:"艺术作为一种驱除焦虑的手段在达·芬奇和毕加索身上得到了很好的体现……通过直面与之相关的危险和混乱的形象,然后赋予这些形象以审美秩序。"鲁宾还观察到毕加索内心的恶魔……几乎都被投射到女性的图像上。但是,通过描绘一个人的恶魔来驱除他的崇高的意图是无法实现的,因为这些恶魔如此深植在人格中,实际上是与人共存的。毕加索可能从未意识到这种艺术创作实际上是他缓解回避依恋的焦虑和恐惧的一种手段。公众的吹捧使毕加索没有进行自我反省,而毕加索的自恋也阻碍了他对这一方面可能的和进一步的认识。因此,毕加索的艺术在主题上不知不觉变得重复,他在不断创造也在不断毁灭,但新的风格只是他将一个个女神变成擦鞋垫的美丽包装。毕加索曾说过:"模仿别人是必要的,但模仿自己是可怜的。"但遗憾的是,毕加索也许一直都在模仿自己,并且他在这样的过程中始终无法看到自己最深的焦虑。

毕加索对室内物品的痴迷也没有因为收集稀世珍宝和其他艺术品而有所改变。作为一个收藏家,毕加索收藏了大量的自然物品和艺术品。但这种收藏是带有一种强迫性质的。这与收集女性作为色情战利品是相似的,两者都不能填补早期依恋所留下的焦虑空白(很多人都注意到,尽管毕加索充满自信,却有一种悲伤或忧郁的情绪,好像他永远缺少什么东西似的,收藏可能是消除这种内疚和抑郁的一种方式)。各种各样的艺术品的大量创作暂时延缓了他对衰老和死亡的恐惧。拆散过去伟大的绘画作品,重新赋予女性色情扭曲的生命力,也似乎难以满足毕加索对情感和视觉愉悦的更深层次的需求。在毕加索的晚年,由于衰老带来的种种限制,特别是性功能的缺陷,使其不能再像之前那样从女人身上汲取灵感和创造力。最后他把目标指向自己,从他晚年的自画像中可以看出,他的面孔凝结着痛苦,充满了原始的恐惧,空洞的双眼充满了虚无。最后,他终于吞噬了自己。

毕加索自画像

七、结语与反思

综上所述,毕加索对女性情人的肖像符合由理想化到逐渐破灭,直至最终被驱逐的模式,符合他在现实生活中的关系。虽然他尝试用创造力的产物——艺术创作来修复创伤,但这一次次艺术风格的胜利只是暂时的"修复",并未让他从潜在创伤中获得持久的解脱。毕加索潜在的精神障碍是由于新生儿濒临死亡造成的依恋创伤,母亲在一开始就没有喂奶,对母亲的依恋强烈而迟来。在毕加索三岁时,妹妹在地震中出生,又将这种关系中断。这似乎强化了他的回避型依恋，这是一种妥协策略，即既能让他留在母亲身边，又能在情感上与母亲分离。毕加索在对母亲和姐妹的多变的依恋情感混乱中建立了一种依恋和回避模式，这种模式充斥了他的一生。此外，他早期的恋母情结和女性环境促使他利用高男子气概去克服对成为女人的恐惧。这种高男子气概被自恋强化，阻碍了他对回避依恋模式的进一步认知。

毕加索的一生充满了传奇和悲剧，他是20世纪的缩影。他给后世留下的，除了他无与伦比的艺术作品，更重要的是精神财富。这种精神财富不应只包括艺术方面的创造力，也应该包括对他待人处世方式的反思，这也是本研究最大的价值。很少有人能像他那样复杂、矛盾，也很少有人能有这么丰富的可资研究的资料。"我的作品就像一部日记。"他对传记作家们如是说。他的故事也给我们留下了想象——他的这种关系，这种错位的依恋能被修复吗？有趣的是，一份传记资料显示，荣格曾惊奇地发现，毕加索的作品与他的一位患有精神分裂症的病人所画的画很类似。荣格认为，毕加索是位精神分裂症患者，他的作品所表现的那种反复出现的典型的动机，是"下到地狱去，到潜意识中去，告别上面的世界"。荣格把他的病人同毕加索所创造的形象进行了对比研究后写道："严格地说，他们身上的主导因素是精神分裂症，这使他们把自己表现为割裂的线条，即一种透过形象的心理上的裂隙。它丑陋、病态、怪诞、不可理解。搜寻陈腐的东西不是为了表现什么，而是为了掩盖它，但是这种晦涩并没有什么可去掩盖的，就像笼罩在沼泽上的寒雾。整个事物并无目的，也无需有什么观者。"不过毕加索当然不可能去找荣格做什么心理治疗，这是艺术家的一种自傲，他们不相信心理学家（或者说他们害怕自己被揭露），并且不认为自己有什么异常。

毕加索的一生精彩地展现了个体在现实的痛苦中挣扎的姿态：他们试图在世界上找到属于自己的立足点，试图找到自己的归属之地。但不幸的是，他们对自己童年创伤的产物所知甚少。毕加索的生活和艺术中缺失的元素是至关重要的自我意识。随着他性爱历程的复杂化，人们在他职业生涯开始时看到了他对痛苦的同情的逐渐消退；他所描绘的最强烈的情感，他自己却不能真正地去感受或探究。如今，我们借助心理学的理论可以窥其渊源。没有哪位艺术家能像他这样完全体现出男性自恋的病态及生命的矛盾和冲突。立足当下，毕加索可能做出了比人们所认识到的更大的贡献。

参考文献

[1] 阿莲娜·S.哈芬顿.毕加索传：创造者与毁灭者[M].弘鉴，等，译.北京：人民美术出版社，1990.

[2] 约翰·理查德森.毕加索传：1881—1906 卷一[M].孟宪平，译.杭州：浙江大学出版社，2016.

[3] 斯蒂芬·A.米切尔，玛格丽特·J.布莱克.弗洛伊德及其后继者：现代精神分析思想史[M].陈祉妍，黄峥，沈东郁，译.北京：商务印书馆，2007.

[4] ANDREW B. Too Close: Picasso's Adoring and Damaging Portraits of Women[A]// ANDREW B(Ed.). Desire and avoidance in art: Pablo Picasso, Hans Bellmer, Balthus, and Joseph Cornell. New York: Peter Lang Publishing, 2007.

[5] HOLMES J. John Bowlby and Attachment Theory [M]. London and New York: Routledge, 1993.

[6] MARINA P. Picasso: My Grandfather[M]. New York: Riverhead, 2001.

[7] MILLER A. The Untouched Key: Tracing Childhood Trauma in Creativity and Destructiveness[M]. New York: Doubleday, 1990.

[8] MOLLON P. The fragile self: the structure of narcissistic disturbance and its therapy[M]. Jason Aronson, 1993.

[9] QUIMBY R T. Picasso and five women who inspred him[M]. the Faculty of California State University, 2007.

[10] STEPHEN, J D. The Wimp Factor: Gender Gaps, Holy Wars, and the Politics of Anxious Masculinity[M]. Boston: Beacon Press, 2004: 31-32.

[11] WILLIAM R. Picasso and Portraiture: Representation and Transformation[M]. New York: The Museum of Modern Art, 1996.

"反抗者"
——加缪

一、引言

阿尔贝·加缪（Albert Camus,1913—1960 年）生于孟多维（法属阿尔及利亚），不满一岁时，父亲便死在了第一次世界大战的战场上，母亲遂携加缪到外婆家所在的贫民区重新开启贫困生活。加缪短短 47 年的人生主要活动于 20 世纪上半叶的法兰西，学有所成后流连于剧院、报社、咖啡厅及众多思想家会聚的沙龙。其主要成就有：作为文学家，44 岁获得了 1957 年诺贝尔文学奖，是诺贝尔奖历史上第二年轻的获奖者；作为哲学家，他开创了荒诞哲学流派，超越普遍虚无主义，进一步重塑了生而为人的价值；作为社会运动家，他创建了《战斗报》，以此为根据地英勇反抗"二战"时期法西斯的侵略，并在随后的一生里不停歇地为正义事业奔走呼号。加缪是小说家、剧作家、思想家、哲学家、社会活动家。虽然这些身份全都属于他，却又似乎缺乏某一主线以构成完整的加缪。

纵观加缪 47 年短暂的人生，贯穿其所有身份、所有活动的核心特点在于其不息的"反抗"。无论是对法西斯的坚决抵抗，还是对暴力、死刑，以及对法国残忍殖民问题的抗议与奔走，加缪一生的活动都在与人类正义事业的阻挠者进行斗争。因此，对其最恰当的身份界定应该是"反抗者"，而这种"反抗"是基于加缪对自己人生深刻的感悟与实践的。在《关于反抗问题的通信》中加缪说："我并非一个哲学家，我所能讲的，只是我曾经历过的一些事情，我曾经历过虚无主义，经历过各种矛盾，经历过暴力，经历过战乱的破坏。但与此同时，我也在欢呼创新，欢呼着生存的伟大。"加缪的哲学来自生活，并指导着他及我们的生活，鼓舞着我们重视生而为人的价值与荣光。故而研究加缪本人及其哲学思想，对每个人找到自身的意义都具有重要价值。

就研究层次而言，以往对加缪哲学思想及其"反抗"生涯表现的研究大多只停留在文学及哲学的宏观层次，尚未有研究者针对加缪成长的时代、家庭环境及成长经历等因素进行心理学层面的解释。可以说，前人对加缪行为背后"反抗者"人格的分析仅停留在描述阶段，缺乏对加缪"反抗者"人格形成原因及"反抗者"在加缪生涯中起何作用的解释。

由此，本研究采用心理传记学方法，对加缪"反抗者"人格进行探索。加缪是近代哲学体系中唯一从生活中发现哲学思想、又用实际行动指引思想的人。从一个阿尔及利亚的穷小子到伟大思想家与诺贝尔奖获得者，究竟是什么原因造就了加缪"反抗者"人格？这一人格产生的背后又蕴含着哪些深层次的心理机制？带着这些悬疑性问题，本研究从加缪"反抗者"的人格表现、人格影响因素开展分析，挖掘这一人格背后深层心理机制的不同心理学理论，来揭示加缪生涯背后的心理原因。

二、加缪"反抗者"的人格表现

（一）思想层面

加缪"反抗者"的人格特质首先在其哲学思想中有充分体现。在《反抗者》这本书中，加缪清晰地写道："人是他自身的目的，而且是唯一的目的。

假如他想成为什么，也是在人生中进行的。"这句话包含两个层次：其一是人作为自身的目的代表了世界本身并不具有目的，即生活本身是荒诞的；其二是人是自身唯一的目的，即在接受世界的荒谬和不相信所谓的一切意义后，一个人要不断地追寻与创造自身的价值，以此来对生活本身的荒诞展开奋勇反抗。他在与友人的信中写道："不是说反抗能解决所有问题，而是通过反抗我们能直面荒诞。"我们可以看到加缪哲学的底色——"荒诞"仍然是虚无的，但与虚无主义不同，加缪从"荒诞"中所推出的结论为人性的存在价值。"荒诞"的反抗即是对"荒诞"的正视与坚持，即首先在"荒诞"中存活下来。在加缪看来，这一行为与选择本身即因对形而上重负的勇于承担而赋予了生命一种坚持的意义，表明了生命的"重"，突显了人性的崇高。

加缪在《西西弗神话》中挑衅性地说道："真正严肃的哲学问题只有一个，那就是自杀。判断生活是否有价值，无异于回答最基本的哲学问题。"这是对无法面对荒诞的懦夫的挑衅。其认为自杀存在两种形式：其一是生理上的自杀；其二是停止对自身价值的思考，而转向于无法解释的宗教、超自然等现象的哲学自杀。无论哪一种自杀，其本质都是对生命荒诞本质的认输与不抵抗。而加缪的"反抗者"人格就展现在对这种懦夫行为的斥责与对个人价值的追寻上，其将丧失意义感但仍悲凉与顽强的"反抗"精神深深刻进西西弗的背影中。西西弗面临永无止境的劳作，加缪却说："我们必须认为西西弗是快乐的。"正是因为这种对于惩罚本身的乐在其中，构成了西西弗对诸神给予其无意义劳作惩罚的最大反抗。人也一样，即便生活本身荒诞，毫无意义可言，我们也要顽强地热爱这种生活，活出自己的价值与精彩。直面无意义感而不放弃的哲学思想正是加缪"反抗者"人格的最佳体现。

（二）生涯行为

结合前人研究结果笔者认为，加缪"反抗者"人格在生涯行为中的体现在于，其对人生各阶段均投以极大热情以对正义事业进行追求，具体如表1所示。即便是在其不幸出车祸离世前的一段时间，仍然在为阿尔及利亚的民族矛盾努力寻求协调解决的办法。可以说，加缪将其"反抗"的哲学思想深深践行在了自己一生的每时每刻中，践行在了一项又一项对正义事业的追求上，并且永远不会停下，以此在谋求所有人最大幸福的过程中达成自身价值，对人生本身的"荒诞感"进行反抗。

表1 加缪"反抗者"人格的典型表现

事　件	资料来源
坚定不移地反对法西斯主义，并多次选择投笔从戎（均因肺结核而未能如愿）	《战斗报》《致一位德国友人的信》等
反对死刑	《鼠疫》《关于断头台的思考》
反对专制集权	《时政评论一集》
反对暴力与暴力的合法化	《反抗者》《正义者》《不做受害者，也不当刽子手》
反对阿尔及利亚殖民当局对北非穆斯林的压迫	《时政评论三集》

注：所有资料均来源于加缪的著作《加缪读本》，人民文学出版社，2012。

三、加缪"反抗者"人格影响因素分析

由上可知，加缪的"反抗者"人格体现在其生活的方方面面，从小说到剧本，从思想到行为。而其"反抗者"人格产生的原因有哪些呢？本部分就此问题使用心理传记学方法来进行多角度分析。

（一）时代背景

加缪所处的时代正是人类历史上战争最惨烈的年代，同时期的法国也恰好是世界大战的核心国家之一。两次世界大战对加缪的影响主要体现为虚无主义与人的物化，此时精神中普遍的幻灭感构成了时代状况的主要特征，即人变得越发不重要。面对残酷的战争，这种虚无主义的弥漫带来了社会氛围上极大的无意义感，而这可能是加缪"荒诞"哲学思想产生的背景，同时也是加缪一生所要反抗的目标。

（二）家庭环境

加缪父亲早亡，母亲带着两个孩子（加缪与哥哥）回到阿尔及尔贫民区的娘家生活。加缪的外婆脾气暴躁，喜欢掌控一切。而加缪的母亲性格软弱，不识字，同时由于丈夫早亡大哭数日影响了脑部功能，从此说话迟钝，更多的时间则是保持沉默。贫困的生活、沉默的母亲、严厉乃至凶狠的外婆，基本构成了加缪家庭环境的全部。家，是外婆舞动牛筋鞭子的地方，是他必须做沉重家务活的地方，是即使是最亲爱的母亲也无法保护自己的地方。在这种家庭氛围下成长的加缪，童年时期即尝尽了生活的苦楚，然而其在成年后在公开场合多次强调自身童年的幸福："首先，世界不是我的敌人。我的童年是幸福的……"其在与情人开诚布公的谈话中却经常感叹地回忆起童年所经历的贫困。这种言行的不一致性，以及前面对幸福的多次重复与强调，使笔者怀疑童年早期的贫困及冷漠的生活环境构成了加缪生涯中的凸显性事件。同时，考虑到贫困生活在童年早期的长期存在性，以及无论是在其小说还是剧本中贫困环境的重复出现，这种童年经历的悲惨甚至成了一种超凸显性的原型情境。这一贫困、冷漠、不安全的原型情境构成了加缪最早对于生活的无意义感以至"荒诞感"的体验，而其人生后期所有通过追求意义的反抗经历都可被认为是出于对这一原型情境的补偿：要成为自己，才能摆脱这种无意义感；要对生活满怀足够的热情，才能在这种寒冷的环境中生存下去。越缺乏什么才会越追求什么，出于对童年家庭环境的不满甚至无助与愤怒，加缪产生了对苦难生活坚持说"不"、永不放弃的"反抗者"人格。

（三）成长经历

加缪在笔记中写道："每个艺术家在他内心深处都保留着一眼唯一的泉水，在其一生中滋润着他之所是和他之所说……对于我，我知道我的泉水在《反与正》中，在这个交织着贫穷和光明的世界之中。"由此可见，虽然加缪对于童年时期家庭贫困的状况耿耿于怀，但其仍然对成长于其中的家乡充满了感情，保留了光明的一面，这可能和他的小学老师热尔曼有着最为直接的关系。加缪从来不吝啬对热尔曼的感激，故当他在诺贝尔奖授奖仪式上的演讲词出版后，他在献辞上恭恭敬敬写下了"献给路易·热尔曼先生"这句话。热尔曼不仅在课堂上倾囊相授，私下也表示出对加缪不加掩饰的欣赏，更曾亲自走访加缪的家庭，劝服其外婆同意加缪继续接受高中教育，同时建议加缪与外婆和好并鼓励他要爱自己的外婆，试图修补加缪与家人的关系，使其尽可能地感到温暖。在热尔曼身上，加缪可能第一次感受到了其笔下的"光明的世界"。如果说贫困悲惨的家庭环境是加缪产生生活"荒诞"思想及"反抗"思想的负向源头的话，热尔曼的倾心教诲则是加缪重新树立自身价值、追求阳光与意义的正向源头。考虑到加缪一生多次对热尔曼的感谢，笔者认为，热尔曼在加缪的人生中同样处于一种凸显性事件的地位，甚至可以说是发现并改变加缪一生的伯乐。

（四）小结

总而言之，惨烈战争的时代背景为加缪"反抗者"人格的产生树立了反抗的靶子，即无意义的生活；早期贫困的家庭则为加缪"反抗者"人格提供了反抗的燃料与动力。但加缪并未因时代及人生的苦难而陷入虚无主义无法自拔，这是因为恩师热尔曼的出现为其指明了积极的方向：人生依然存在美好，只要我们愿意积极为自己和他人追求价值、意义与希望。

四、不同心理学理论的分析结果

（一）心理动力学

从心理动力学角度来看，加缪存在对早期童年贫穷困难生活的明显创伤性经验，这种经验被压抑在加缪的潜意识中，为其日后所有"反抗"思想及"反抗"行为的产生提供了能量，即出于补偿作用，这种压抑在潜意识中的创伤使加缪会更多地追求个人意义、体现个人价值、反抗无意义感的出现以进行自我防御，抚平由创伤经验诱发的焦虑。在加缪获得诺贝尔文学奖后甚至仍于日记中写道："我感到周围没有人理解我，他们只是需要我的帮助与付出，没有一个人真正地爱我，了解我。"这种似乎是情绪崩溃后的反应佐证了我们的假设，即加缪童年的贫困生活构成了创伤性事件，使加缪对自身形成了相当负面的核心信念，以至于需要以一生的"反抗行为"来进行弥补。

除此之外，根据阿德勒的个体心理学理论，加缪"反抗者"人格中表现出的明显追求卓越的倾向是发源于其内心深处对自卑的弥补，即童年的贫困导致加缪具有较强的自卑倾向，自卑构成了加缪追求卓越、超越自己的源动力，这从其后来的人生中对自身早期贫困生活的敏感和强调中可以看出。

（二）意义心理学

从弗兰克的意义心理学角度出发，每个人生活的基本动力是"追求意义的意志 (the will to meaning)"。当一个人"追求意义的意志"遭受挫折后，才会转向追求快乐、权力以作为补偿。人类最基本的能力在于：发现一个可给予个人忍受任何情境并可使其坚持下去的理由并希望借此使个人的生活更加充实且能提供个人的存在是有意义且有价值的一种认同。根据该理论，加缪"反抗者"人格的展现不过是"自身追求意义"的需要。弗兰克认为，生命的意义在于不断追求和自身的选择，而加缪在时代与家庭环境双重无意义情境下首先渴望得到的是推翻这种无意义感，故而加缪强调"反抗"，对无意义的荒诞进行直接反抗，却没有提出某些具体的反抗内容。同时可以说，加缪的一生仍然在不断地转向，这也体现出某种程度上具体意义的缺失。加缪是将"反抗"无意义直接作为人生意义的本质来对待的。

（三）恐惧管理理论

从社会心理学角度来看，加缪"反抗者"人格的表现可以用恐惧管理理论（terror management theory，即 TXT）中传统文化价值观崩溃后重塑价值的过程来解释。该理论认为，每个人都有着强烈的生存需要，在经历创伤经验或出于死亡提示时，无法避免地会产生对死亡的恐惧与焦虑。加缪所处的时代正是战争最为惨烈的时代，无数的信息不断提醒着加缪死亡的临近，这种死亡意识的唤醒在该领域中被称为死亡凸显。当我们坚信世界文化价值观所代表的意义并感觉自己符合该标准时，就会产生一种有价值、被保护的感觉，通过对社会价值观的认同获得一种语言和符号上的永恒感，以此超越死亡凸显带来的过度焦虑。然而两次世界大战的爆发冲倒了人们原本赖以生存的价值观。人们发现上帝救赎不了自己，而作为自身依靠的民主、自由、科学，在血淋淋的战争面前更是不堪一击，由此面对死亡凸显时，以往可以依赖的文化价值观防御不再起作用，故而加缪才会感到人生充满了"荒诞"。同时，其一生在不断的"反抗"中也表现出一种急迫的焦虑感。因为在文化价值观防御失效后，受制于早年的家庭原因，本就自我不够强大的加缪亟须用一种方式来对死亡焦虑进行缓冲，故而其选择直接针对人生的无意义，以此直接获得人生的意义感，获得一种符号上的永恒，以此缓解不可避免的死亡焦虑。从恐惧管理理论来看，加缪的"反抗人格"是在文化世界观防御失效后，通过直接追求个人意义并获得永恒感以缓冲死亡焦虑的体现。

五、结语

综上所述，加缪的生涯经历中表现出了一系列充满热情的"反抗"，其行事风格过于充满能量以致让人怀疑他是否过于急迫。同时，即便在加缪取得巨大成就（获得诺贝尔文学奖）的情况下，仍然认为自身不够快乐和有价值。结合心理传记学方法笔者认为，这可能和童年贫困生活对他造成的痛苦的原型情境有着不可分割的关系，但由于其师热尔曼先生的亲切教诲及通过自身努力取得的成功，导致加缪并没有完全陷入虚无主义的泥潭，而是选择为人类的正义事业贡献自身力量与对无意义进行反抗。在这种"反抗者"人格的背后可能隐藏着创伤性的早期经验、对人生意义抽象化的追求及对死亡焦虑替代性的缓解方式，由此使其得以健康正常地生活下去。

对生命真相的沉思是每一代哲人的精神使命。笔者受限于自身哲学的悟性与理解力，加缪哲学体系中很大一部分推论并没有在文中进行完整的展现，对其"反抗者"人格的探究可能也不够全面。如其母亲虽然沉默无言，但是否为加缪提供了情感支持？父亲于其一岁时去世，缺失父亲的关爱对加缪"反抗者"人格的形成有何种影响？加缪第一次糟糕的婚姻经历是否对其一生的行为产生了影响？若将一个人形容为一本书的话，那这本书所包含的信息浩如烟海，在未来的研究中可以抓住加缪其他的人格特质进行归纳总结，以指引我们的生活。最后，借用暗合加缪思想的王尔德的一句话作为本文的结语："世界上只有一种唯一的英雄主义，那就是看清生活的真相后依然热爱生活。"若生活的真相就是加缪所言的无意义的"荒诞"，那就让我们高举"反抗者"

的大旗，对无意义宣战，永远充满热情地爱自己，爱自己的生活！

参考文献

[1] 弗兰克. 活出意义来[M]. 北京：生活·读书·新知三联书店，1998.

[2] 格勒尼埃. 阳光与阴影：阿尔贝·加缪传[M]. 北京：北京大学出版社，1997.

[3] 洛特曼. 加缪传[M]. 南京：南京大学出版社，2018.

[4] 加缪. 西西弗神话[M]. 北京：西苑出版社，2003.

[5] 加缪. 反抗者[M]. 上海：上海译文出版社，2013.

[6] 加缪. 加缪文集[M]. 南京：译林出版社，2011.

[7] 加缪. 加缪读本[M]. 北京：人民文学出版社，2012.

[8] 李元. 加缪新人本主义哲学探要[D]. 复旦大学，2005.

[9] 王佳. 加缪存在主义思想的人道主义内涵[J]. 学理论，2010(28)：178-179.

[10] 周守珍. 弗兰克心理学理论述评[J]. 教育研究与实验，1998(1)：51-54.

[11] GREENBERG J, PYSZCZYNSKI T, SOLOMON S. The causes and consequences of a need for self-esteem: A terror management theory[M]//Public self and private self. New York, NY: Springer New York, 1986: 189-212.

[12] GREENBERG J, VAIL K, PYSZCZYNSKI T. Terror management theory and research: How the desire for death transcendence drives our strivings for meaning and significance[J]. Advances in Motivation Science, 2014（1）：85-134.

孤独的行者
——荣格

一、引言

卡尔·荣格（Carl Gustav Jung，1875—1961），瑞士心理学家，分析心理学创始人。1907年开始与西格蒙德·弗洛伊德合作，发展及推广精神分析学说达六年之久，后与弗洛伊德因理念不和而分道扬镳，创立了荣格人格分析心理学理论，提出"情结"概念，把人格分为内倾和外倾两种，主张把人格分为意识、个人无意识和集体无意识三层。曾任国际心理分析学会会长、国际心理治疗协会主席等，创立了荣格心理学学院。1961年6月6日逝世于瑞士。他的理论和思想至今仍对心理学研究具有深远影响，尤其是以分析心理学为理论基础的"沙盘游戏疗法"在心理咨询中得到了广泛应用。"沙盘游戏"是运用意向进行治疗的创造形式，是一种对身心生命能量的集中提炼。其特点是：在自由受保护的空间中把沙子、水和沙具运用于意象的创建。这一系列意象旨在营造出沙盘游戏者心灵深处意识和无意识之间的持续性对话，由此推动治愈过程和人格发展。

本文对传主的研究资料主要源于其自传。在诸多心理学家中，自己写自传的并不多见，荣格便是其中之一。但相较于其他自传清晰直白的叙事方式，荣格自传更多的是对内在感觉的描述和分析，是在隐喻、象征的层面写有关自身的"神话",包括如何被无意识引领一生的进程,如何在对自身体验的深度剖析基础上建立分析心理学独有的概念。所以对荣格的分析,其自传一方面可以给我们提供详尽且有力的证据资料;另一方面,其抽象和隐喻的风格又令我们难以真正挖掘其背后的深意。

心理传记学研究的关键是对传主资料的选取和解释。就资料的解释而言,本文选取的是因果式的解释模型。该模型的评价标准在于证据的适当性和推论的严谨性,主要关注传主的童年经历,遵循传统精神分析的诠释路线;对传主资料选取方面本文则依据因果式的解释模型选取了亚历山大(Alexander)基于精神分析取向的资料处理理论——凸显性指标,以及麦克亚当斯(McAdams)提出的关于核心情境的七个方面,用来作为处理和筛选传主资料的手段,主要从童年早期的经验记忆和关键事件的伊始进行资料收集。

二、孤独的行者

在自传中荣格称自己为"孤单小孩"。到80岁时,他又这样说自己:"我是个孤儿,举目无亲,我浪迹天涯,我是一个人,与自己对立,我是个年轻人,也是个老人。对于每个人来说,我是必死的,我不在时光中轮回。"纵观其一生我们可以发现,"孤独"一词始终笼罩着他。虽然荣格积极和他人沟通、聚集众人组织研究机构、与友人共组联谊俱乐部及后来组织和参加了大大小小的活动,但依旧难以遮盖其内心的孤独感及典型的内倾性人格。他曾对弗洛伊德敞开心扉并视其为精神上的父亲,这是唯一一次他允许别人真正走进其内心,这对一个内倾的人来说是不容易的,但结局并不令人愉快。

关于孤独感和内倾性人格的产生,我们可以追溯到其出现的伊始——童年,这不禁让我们想起原生家庭这一影响因素。原生家庭是生命早期和父母一起生活、形塑最初自我的重要时期。从其自传中我们了解到，荣格家庭有着浓厚的宗教色彩。在他出生之前，他的两个哥哥都夭折了，他的父母并不和睦，母亲的性情更是反复无常。荣格自小便是一个奇怪而忧郁的小孩，大多数时间都是和自己做伴，常常以一些幻想游戏自娱。从这一角度考虑，是否可以认为贯穿荣格一生的孤独感起源于他的原生家庭？1878年，三岁的荣格全身患湿疹，然而母亲因为婚姻问题久不在家，当时照料荣格的是一个阿姨，荣格因此备受煎熬。关于此事，在其自传中被这样提及："自那时起，一提及'爱'一词，我总是满腹狐疑。我长期觉得与'阴性基质（女性）'相连的感觉天生就是不可信赖的。'父亲'对我意味着可靠，同时还有——无能。这就是我开始的障碍。"正如荣格所言，他认为这种与父母的不良关系是他最开始的障碍，事实也确实如此。早期安全感的缺乏会导致儿童一系列的问题行为、认知和心理障碍。对于荣格来说，这种不安全感令其产生的孤独与寂寞一定程度上导致了其孤僻、内倾的性格特点。阿德勒也认为，最早的对爱和温情的倾心是与母亲的关系联系在一起的，这可能是儿童拥有的最重要的经验，因为儿童在这种经验里认识到了另一个可以完全值得信任的人的存在。阿德勒认为，事实上，和母亲的关系决定了孩子随后所有的活动，只要母子关系是扭曲的，我们通常会发现儿童也存在某种程度的社会缺陷。我们是否可以推测荣格的孤独和内倾正是起源于对母亲的不信任。另外，在小荣格的眼中，正是母亲的出走导致了自己患病，这对于母子之间关系的打击是致命的。其成年之后的人际关系可能就是母子关系的象征和泛化，虽然在其自传中提及："后来这种先前的印象得到了修正。我曾以为自己有男性朋友，却遭他们辜负，而我曾对妇人疑神疑鬼，却不曾受过亏负。"但正如荣格所言，他的一生都是被无意识引领的，分析心理学的建立也是在对自身深度剖析的基础上形成的，因此这种影响或许在无意识层面一直影响着他。

三、贯穿一生的秘密与压抑

从自传中我们可以看到荣格对秘密的执着及因为这种压抑遭受的痛苦。但究竟是什么原因导致这种压抑伴随荣格一生的？笔者认为，这应该始于荣格童年时期关于秘密的仪式。

荣格称自己的童年就是一个"心中有秘密"的小孩，真实情况也确实如此。荣格小时候有一个小人和一块莱茵卵石，这是他自己创造的仪式，同时也构成了他心中的"秘密"。在自传中他是这样说的："它长久在裤袋里陪伴着我，这是我的石头。整件事对我是个大秘密，我却不解其意。我把装着小人的匣子悄悄放到禁入的顶楼上（禁入是因为阁楼木板生虫腐烂而有危险），藏到屋顶架的支梁上。我感到巨大的满足，因为无人会看见。我知道，那里谁都找不到。无人会发现、摧毁我的秘密。我觉得保险了，排遣了与我自己一分为二的受罪感。"秘密代表着不能告诉别人，这往往代表着压抑。从这一段描写中我们也可以发现，童年时期的荣格确实处于极大的压抑和寂寞之中，这种压抑和寂寞源自童年早期的不安全感，而只有通过打造自己的秘密并永恒地持有它，才会让幼小的荣格获得安全感的满足。在之后的日子里，每当荣格干了什么或有让自己备受压抑的事情发生时，他都会用自己编排的"密码"写一个小纸条放进那个匣子里，一个个秘密的创造都是安全感的获得。在自传中荣格也提到了此举的意义："此举的意义，或者我原本可能如何说明此事，当时并非问题。我限于新获得的安全感，满足于占有无人触及、无人知晓者。对我而言，这是牢不可破的秘密，永远不得泄露，因为我的存在是否有保障完全取决于此。为何，我不自问，就是如此。"这种极致的压抑也导致了荣格内心的极致寂寞："可以从秘密这个概念来理解我整个青年时期。我由此几乎寂寞不堪，至今仍把顶住诱惑不跟人说起此事视作巨大成绩。"这样努力藏住秘密，给他造成了一种难以忍受的孤独，同时也似乎告诉了他：

必须一个人孤独地探索这些秘密。这种从自创"秘密仪式"的压抑及从压抑中获得满足的形式贯穿了荣格的一生,直至 65 岁时荣格才说出自己幼年时关于"阳具"的梦。在此之前,不论是小人还是男根梦都是严格的禁区,从而被深深压抑在心中:"我从未动念要直接言说自己的经历,也不会谈论冥庙男根梦,或者在想得起来时谈到所刻小人。我知道自己做不到。65 岁时,我才说到阳具梦。我或许把其他经历告诉过妻子,但那也是在年岁较长时。从童年起,有几十年之久,此事是严格的禁区。"这种压抑一方面带给他安全感;另一方面又让他遭受着无边的孤独,可能正是因为他了解保守秘密的极致压抑和孤独寂寞的痛苦,以至于他在后来和病人的交流中,努力去了解他人心中的秘密,让秘密曝光,避免沉重的秘密影响个人的正常生活。

四、结语

荣格,常人看来智者一般的人物,其内心却是孤独和压抑的,并且贯穿了其一生。在他的一生中经历了两次较为严重的创伤。第一次是 3 岁时自己生病时母亲的远离,荣格认为自己生病与内心遭受的与母亲分离的痛苦有关,他觉得自己不被母亲接纳。这种母子关系的障碍奠定了其一生孤独和内向的基调。之后为了消除自己的孤独和不安全感,早慧的小荣格又自创了"秘密仪式",试图从压抑中获得一丝安慰。虽然在当时小荣格获得了一些持有永恒秘密的安全感,但是这种保持秘密的压抑在给予其安全感的同时也让他遭受到了孤独寂寞并与外界隔离。精神分析的理论认为,童年经验决定了一个人一生的发展基调,对于荣格来说确实是这样。父母关系的障碍特别是与母亲的关系障碍,基本奠定了荣格的内倾性人格特征。虽然人格特征很难改变,但是孤独感的问题可以解决,与精神上的父亲——弗洛伊德的相遇正是解决这一问题的关键。然而这唯一的机会不仅没有帮助荣格,还给本就孤独内向的荣格造成了毁灭性的打击——陷入了近十年的黑暗期，这是荣格第二次严重的创伤。虽然荣格最终走了出来且成就非凡，但是内心的孤独再也无法消除。

总的来说，荣格的一生被孤独和压抑笼罩，这个内向的智者在感到孤独的过程中渴望了解与被了解。他以此为动力探究如何将个体感受到的一切用他人可以理解的语言表达出来，又从中发展成新的概念和理论，最终成为严谨灵活的分析心理学家。孟子曾说过："天将降大任于是人也，必先苦其心志，劳其筋骨，饿其体肤，空乏其身，行拂乱其所为，所以动心忍性，曾益其所不能。"荣格的一生便充分诠释了这段话。一个孤独的行者在自己的世界中前行探索，遭受无边的痛苦，同时也在孤独的自我探索中创造出了一个崭新的理论世界，可谓成也"孤独"，败也"孤独"。

参考文献

[1] 高岚，申荷永. 沙盘游戏疗法 [M]. 北京：中国人民大学出版社，2012.

[2] 荣格. 荣格自传：回忆·梦·思考 [M]. 浙江文艺出版社，2017.

[3] 吴丽.0-3 岁婴幼儿安全感缺失的后果及其对策研究 [J]. 四川教育学院学报，2010.

[4] 董奇，夏勇. 离异家庭儿童心理健康研究 [J]. 中国心理卫生杂志，1993，007(005)：218-220.

[5] 阿尔弗雷德·阿德勒. 理解人性 [M]. 陈太胜，陈文颖，译. 北京：国际文化出版公司，2007.

[6] CROSBY F, CROSBY T L. Psychobiography and psychohistory[M]//The Handbook of Political Behavior: Volume 1. Boston, MA: Springer US, 1981：195-254.

森田正马的神经质与觉悟

一、引言

森田正马（1874—1938年）是"森田疗法"的创始人，"森田疗法"是专门针对神经症的心理治疗方法，目前已被广泛应用，其有效性得到了大量临床证据的支持。森田大学毕业时便立志从事精神病事业，秉持从实际生活中通过实际科学的体验得到认识的"事实唯真"的实践信念，结合对东方哲学的研习，将个人经历与感悟融入精神医学的工作中，创造了对精神医学界影响深远的"森田疗法"。

"森田疗法"受到心理学工作者的极大重视，在被广泛推广和应用的同时也在不断发展和完善，现已进入"新森田疗法"时代。"森田疗法"反对压抑，主张充分发挥个人的固有能力。这虽然对学校心理健康教育有很大的参考价值，但对于"森田疗法"的创始人森田正马鲜少有人进行研究。"森田疗法"是基于创始人自身经历与感悟创造的，森田正马本人在自传中曾说自己受神经质困扰的经历是其致力于神经质研究的根本原因。因此，个人经历是森田对神经症能深刻理解并对其机制进行论述的重要条件。因此，对森田正马人格的研究，对深刻理解"森田疗法"这一独特的神经症治疗方法及其理论体系并对森田疗法进行有效应用与完善和发展具有重要意义。

因此，本文采用心理传记学方法对森田正马的人格进行研究。为何在神经症的折磨下决定"自暴自弃"的森田正马反而出色地做出了一番成绩且疾病能够不治而愈？为何天生具有疑病素质、曾患神经衰弱症却能提出以"顺其自然，为所当为"的豁达态度为核心的创新性神经症疗法？带着这些悬念，本文对森田正马的人格特征及生涯形成原因进行了如下探讨。

二、结果与讨论

（一）森田正马神经质人格的表现

"神经质"一词起源于弗洛伊德的理论，其核心概念是负性情绪体验倾向。森田正马提出"神经质"这一病名，认为神经质是没有身体上的疾病而因主观原因产生的痛苦症状，在他本人的自传中曾谈及自身也是神经质。表1为森田神经质人格的部分典型表现，参照神经质的核心概念与森田的生平经历和自述，表明森田属于典型的神经质人格。

表1 森田神经质人格的部分典型表现

事 件	资料来源
十岁左右看见寺庙中的地狱图，此后一段时间在夜间有发作性神经症，生死问题在头脑中挥之不去，不论碰到什么事都要联系思考一番	《我的神经质疗法的成功历程》
十六七岁时得了头痛病，时常发生疲劳性心悸，医生认为其心脏不好却并不知道这是由神经质引起的	《我的神经质疗法的成功历程》
上中学第五年罹患过突发性心悸症，发病时全身震颤和死亡恐怖性发作接连袭来	《我的神经质疗法的成功历程》
大学期间饱受神经症困扰，整日头痛无法集中精神学习，绝望到曾有自杀的念头	《森田正马其人其事》

1. 神经质人格的成因：先天素质与早年经历

个人素质是森田神经质人格形成的重要因素。森田曾在自传中提到自己具有"先天的疑病素质"。不同素质的人面对同样的经历会产生不同的表现，比如看到寺院中恐怖的地狱画后森田就产生了巨大的恐惧感，而其他人看了却不一定会受到这样的震撼。具有疑病素质的人即使在同样的环境中也更容易罹患神经症。森田幼年时曾患夜尿症，为了不弄湿被褥总是铺着草席睡觉，却遭到了大人的嘲弄和挖苦，从此有了自卑感和劣等感，这极大损害了森田的自尊。贝克尔（Becker）等人提出的恐惧管理理论认为，自尊具有缓解和减少焦虑及维护心理健康的功能，自尊受损和自卑使森田更容易被消极情绪困扰，导致其神经质人格的形成。

森田生于教师家庭，身为长子被父母寄予厚望。童年时期父亲的教育非常严厉，放学后逼迫森田背诵古文并且背不完就不让睡觉，森田也因为父亲过于严苛的教育曾出现过"学校恐怖"，导致一度留级、逃学。罗杰斯（Rogers）认为，父母根据儿童的行为是否符合其价值标准这样的条件来决定是否给予其关怀和尊重，这种条件被称为价值条件。在父母采用价值条件的对待下，儿童将这些本属于父母的价值观念内化变成自我结构的一部分，而被迫放弃按自身机体评价过程去评价经验。这样一来，当经验与自我之间发生冲突时，个体就会预感到自我受到威胁，因而产生焦虑。价值条件对待下的童年焦虑体验是森田神经质人格和神经症的成因。

初中毕业后，父亲因森田身体虚弱和家庭经济困难不让森田报考高中，而森田决心即使背离家庭也要拼命攻读。经济困难和身体状况不佳，使森田的求学之路伴随着巨大的压力。参照近年提出的素质—压力模型理论，先天具有疑病素质的森田很可能在压力巨大的不良环境下出现了问题，这也是他神经质人格形成的可能原因之一。

综上可得，先天的疑病素质、较差的体质与后天教育经历的相互作用使森田形成了神经质人格。

2."生的欲望"：自卑与奋斗

阿德勒将自卑分为自卑感和自卑情结：自卑感能促使人发奋图强补偿自卑，而自卑情结则是人在面对问题时一种无所适从的表现。当人的缺陷受到侮辱和嘲弄时自卑感会大大增强，以至于以畸形的形式表现出来并上升为自卑情结。森田幼年时曾因夜尿症受人嘲弄而深感自卑，但这种自卑感之所以未转化为自卑情结，对精神分析理论中防御机制认同的合理运用在此时起到了关键作用。认同是指有选择性地吸收或模仿自己所敬爱的人的态度或行为倾向，吸收他人优点以增强自己的能力和安全感。森田说，他听闻江户末期的尊攘派志士坂本龙马也曾罹患夜尿症。发现自己和这样伟大的人物同病后，便暗自下定决心要加强意志锻炼。

森田第一次面临自我同一性危机是在初中毕业时。森田对有关生死的哲学问题有着浓厚的兴趣，但因身体虚弱和家庭经济困难，父亲不支持森田继续攻读高中，森田也意识到了学习哲学和现实境遇是冲突的，此时产生了第一次自我同一性危机。而危机的解决是森田通过高中一、二年级的学习，发现从身体和精神两方面着手研究才是解开人生问题的正确道路，此后便明确了攻读精神病学的志向，这也是森田医学生涯的起点。

但这并未完全解决森田的自我同一性危机，困扰森田多年的神经症症状在此后依旧存在，大学期间甚至一度加重，使森田难以应付学业。在父母因农忙而忘记给森田寄生活费这一事件发生后，森田误认为父母不支持自己继续完成学业，这使在学业压力和神经症困扰双重折磨下的森田的绝望达到顶峰，迎来了第二次自我同一性危机。森田在自传中写道：他在绝望之中做了"自暴自弃"的打算，停止了对神经症和躯体疾病的服药、治疗，下定决心要拼命做出些成绩给父母看。彻夜不眠的学习最终使其取得了理想的成绩，神经症也随之不治而愈。森田第二次自我同一性危机的解决过程并非顿悟，而是当时他"下决心拼个死命"给父母看。后来他在自传中自嘲："事后回想确实是非常幼稚""非常愚蠢"。由此可以看出，因自卑感而产生的心理补偿的渴望成了困境中的森田追求优越的动力，使森田的行为充分体现出受到"向上意志"的支配。

社会兴趣是影响个体独特生活形态的重要人格特质，森田早年阅读了大量的文史书籍，在受到严厉教育的同时也受到了父母的高期望，这使森田的早年形成了创造性自我，他的生活风格并不缺乏社会兴趣，而森田也在第一次自我同一性危机解决后立下了精神医学的志向，因此在社会兴趣的指导下达成由自卑感向追求卓越的转化，通过个人努力解决了困难。大学期间的这段经历使森田完成了自我同一性的获得，自我同一性获得后个体将拥有心理的幸福感、内在的把握感、何去何从的方向感和预期感。森田在此后不仅专心投身于精神医学的研究并取得了丰硕的成就，也将对这段经历的感悟融入神经质疗法的创造中。阿德勒认为，创造性自我是按照自己的创造性构建起来的独特的生活风格，是主动的、有意识的行为，人格直接参与自己的命运并决定自己和外界的关系。森田童年时经历亲人离世后看见寺院的壁画，曾被不能抑制的不断思考生死的问题困扰，尽管这也是神经症的体现，但同样可以看出森田具有较强的思辨能力；在选择未来方向时清晰地知道自己的兴趣所在并明确了精神医学的志向，这表明了森田具有极高的内省能力。思辨与自省是森田创造性自我的体现，初中毕业后在父亲不支持他上高中的情况下仍然坚持求学，也是创造性自我的体现，而创造性自我对森田的精神医学事业至关重要。

(二) 神经质人格对森田职业生涯的影响

1. "心机一转"：大疑才有大悟

森田将走投无路时的领悟称作"穷达"，是经历痛苦冥思苦想后的"心念一转"，而神经质者的"心念一转"通常是指性格由内朝外的转变。森田大学时在绝望下拼命奋斗后神经症消失，并且此后不再受神经症的困扰，专心攻读精神医学，与之前容易疲劳、体弱多病的森田判若两人，这正是"心念一转"的体现。表 2 为森田觉悟后的部分典型表现。

表 2 森田觉悟后人格的部分典型表现

事 件	资料来源
1935 年森田由于咳血而卧床，同年妻子去世，此后森田把疾病置之度外，继续热心于神经症患者的治疗和研究	《森田正马教授小传》
香取："森田先生的唯一儿子正一郎不幸病故了……在盖棺时看到先生悲痛欲绝地痛哭不止……但是使我好奇的是，送别仪式一结束，先生回到 2 楼时容貌已转为容光焕发，精神抖擞，好像完全换了一个人一样。"	《自觉和领悟之路》
森田常说云门禅师的一句话："天天都是好日子。"他讲过："如果每天都因学习和工作而过得很充实，那么天天都是好日子，否则就不是好日子。至于当时心情的好坏，我并不介意。"	《森田正马其人其事》

森田曾说，自己立志于精神病学研究的起源应追溯到幼年时代，受神经质困扰的经历是使其致力于神经质研究的根本原因。早年间神经症带来的痛苦经历使森田对神经质的了解十分透彻；毕业后使用传统疗法治疗神经症患者收效不佳则使森田萌生了创造有效的新疗法的念头。森田结合自身的神经症治愈经历受到的启发不断实践尝试，终于成功创造了一套行之有效的神经症新疗法。森田根据亲身经历，反对弗洛伊德主张的幼年时性

本能处理不当是神经症的成因，认为对于不同素质的人，即使是同样的事件也不一定能成为发病的诱因，因此机遇原因几乎不能被看作是必要条件。他特别注重每个人不同的素质情况，这也是他提出关于神经质疑病素质说和精神交互说的重要原因。

森田毕生致力于精神医学研究，即使在疾病缠身、妻子去世时也能把疾病和悲痛置之度外而继续热心于神经症的治疗和研究。需求层次理论认为，需求层次可以产生倒错，即低级需求部分满足便可产生高级需求。森田对精神医学的热情属于自我实现的需求，这一层次的需求非常强烈，因此产生了足够的动机支持其继续神经症的研究。

2. 事实唯真：对实践的重视

森田曾因各种神经症的症状求医，但这些症状并没有得到正确的诊断。森田在求医过程中感受到的是坐诊医生对神经质的实质缺乏切实的理解，全凭患者自述便加以诊断，而患者本身很可能无法正确表述自己的症状。结合自己神经症的求医经历和医学素养，他领悟了"勿因迷信书本而丢掉常识"，只有通过实践了解患者真实情况才能进行有效的治疗，盲目迷信某种疗法而不加以具体分析是不可取的。森田关于神经症的治疗是重视实践的，"森田疗法"中关键的一个阶段就是"体验在事实的基础上如何思考和行动"。在事实唯真的基础上回归现实，从处理现实问题的过程中体会微笑的成就感和喜悦可以逐步使症状缓解。罗杰斯的自我理论认为，是理想自我与现实自我的差距过大导致心理不健康，而森田"事实唯真"的理念与罗杰斯的自我理论有相通之处。森田本人在大学时解决神经症的过程也可看作抛弃对现实的过度担忧转而专注于学业从而获得痊愈的过程，从中领悟并反思得到：在实践过程中打破幻想回归现实才是解决神经症的途径。因此，理想自我和现实自我的协调是森田生涯形成的原因之一。

三、结语

先天的疑病素质、早年的严苛教育中父母的价值条件对待、自身缺陷被嘲笑造成的低自尊及求学过程中由于家庭经济困难和体弱多病造成的压力是森田神经质人格的成因；在社会兴趣的引导下，由自卑感产生追求卓越的动机是森田克服神经症并从中领悟的原因；理想自我和现实自我的协调是森田生涯形成的部分原因；自我实现的需要是森田生涯发展的动力。

四、启示

森田的生涯发展给生涯辅导带来的启示，首先是个人的独特性、个人的人格特点和经历对职业生涯发展具有的重要意义，是职业生涯中热情和创造力的源泉。森田因为自身的神经质人格和神经症的经历而一生致力于如何有效地治疗神经症，他信仰"事实唯真"并不断实践和尝试，将自己对神经症的切身体验和觉悟的历程融入对神经症疗法的探索中，结合了当时的主流疗法，创造了独特的精神疗法，即至今对神经症治疗仍具有深远影响的"森田疗法"。个人的人格特点与生涯中的创造力密切相关，正如特质因素论所说的：个人和职业的独特性若相吻合，那么双方都会感到满意。我们在求学或选择职业时不一定一帆风顺，但我们需要重视挫折经历，将其视为个人的特殊财富，对其进行反思与感悟，这对日后的生涯发展将大有裨益。

其次是生涯目标明确，当产生生涯迷思时主动解决。森田的职业生涯专一且起步较早，在学生时代就选择了精神医学，并在该领域奉献了一生。尽管在高中时对生涯选择产生了一定困惑，但主动进行思考和内省使其找到了解决方案，选择了精神医学作为生涯目标，拥有了坚定而清晰的生涯信念，在此后精神医学领域的工作中能体会到价值感、愿意为之做出努力并且能在生涯中体会到满足感。因此，及早对职业生涯进行探索，收集足够的信息，客观分析现实状况和生涯之间的关系，积极主动解决生涯目标与现实的冲突，从而明确生涯目标对生涯发展具有的重要意义。

参考文献

[1] A.阿德勒.自卑与超越[M].黄光国,译.北京：作家出版社,1986.

[2] 金树人.生涯咨询与辅导[M].北京：高等教育出版社,2007.

[3] 李艺敏,孔克勤.西方自卑研究述评[J].心理研究,2009,02(004)：3-11.

[4] 森田正马.神经质的实质与治疗[M].臧修智,译.北京：人民卫生出版社,1992.

[5] 森田正马.我的神经质疗法的成功历程[M].臧修智,译.北京：人民卫生出版社,1992.

[6] 森田正马.神经衰弱和强迫观念的根治法[M].臧修智,译.北京：人民卫生出版社,1996.

[7] 森田正马.自觉和领悟之路：奉献给因患神经症而烦恼的人们[M].王祖承,陆谢森,储玉雄,蔡军,译.上海：复旦大学出版社,2002.

[8] 马斯洛.动机与人格[M].许金声,程朝翔,译.北京：华夏出版社,1987.

[9] 田代信维.森田疗法克服病态的焦虑关于不问症状的意义[C]//中国心理卫生协会森田疗法应用专业委员会.第六届中国森田疗法学术大会论文集.2006：3.

[10] 温泉润.森田正马其人其事[J].中国健康心理学杂志,2000,8(006)：709-710.

[11] 王见明.森田疗法在学校心理健康教育中的适用性[J].晋中师范高等专科学校学报,2002(03)：229-231.

[12] 于飞.神经症的森田疗法[DB/CD].(2015)[2023-7-12].神经症的森田疗法－百度文库(baidu.com).

[13] 杨丽珠,张丽华.论自尊的心理意义[J].心理学探新,2003,23(4)：4.

[14] 黄敏儿.自尊的本质[J].广州师院学报：社会科学版,1996(2)：6.

[15] 李艺敏,孔克勤.西方自卑研究述评[J].心理研究,2009,2(4)：9.

[16] 于名超,徐进,张莉,武芝梅.森田疗法哲学基础[J].临床合理用药杂志,

2011(20): 113-114.

[17] 郑剑虹. 心理传记学的概念、研究内容与学科体系[J]. 心理科学, 2014(4): 776-782.

[18] ORMEL J, BASTIAANSEN A, RIESE H, et al. The biological and psychological basis of neuroticism: Current status and future directions[J]. Neuroscience & Biobehavioral Reviews, 2013, 37(1): 59-72.

[19] BURMEISTER M, MCINNIS M G, ZÖLLNER S. Psychiatric genetics: progress amid controversy[J]. Nature Reviews Genetics, 2008, 9(7): 527-540.

[20] DIGMAN J M. Higher-order factors of the Big Five[J]. Journal of personality and social psychology, 1997, 73(6): 1246.

[21] MONROE S M, SIMONS A D. Diathesis-stress theories in the context of life stress research: implications for the depressive disorders[J]. Psychological Bulletin, 1991, 110(3): 406-25.

[22] ROGERS C R. A Way of Being[J]. Counseling Psychologist, 1980(2): 2-10.

[23] SCHULTZ. Handbook of Psychobiography[M]. Oxford University Press, 2005.

[24] WATERMAN, ALAN S. Identity in Adolescence: Processes and Contents[M]. London, San Francisco: Jossey-Bass, 1985.

[25] ADLER A. Książka: Sens życia[M]. Warszawa, Wydawnictwo Naukowe PWN, 1986.

马尔克斯的"孤独"气质

一、引言

加夫列尔·加西亚·马尔克斯（Gabriel José de la Concordia García Márquez，1927—2014 年），哥伦比亚作家、记者和社会活动家，是拉丁美洲魔幻现实主义文学的代表人物，20 世纪最有影响力的作家之一，1982 年诺贝尔文学奖得主，代表作有《百年孤独》和《霍乱时期的爱情》。

（一）童年早期经历

马尔克斯 1927 年 3 月 6 日生于哥伦比亚阿拉卡塔卡。他的童年时代在外祖父家度过，没有得到过父母的照顾。他的外祖父是个受人尊敬的退役军官，曾当过上校，性格倔强，为人善良，却又思想激进。他的外祖母比较慈爱，博古通今，有一肚子的神话传说和鬼怪故事，经常给马尔克斯讲故事。马尔克斯七岁开始读《一千零一夜》，又从外祖母那里接受了民间文学的熏陶，因此，在童年的马尔克斯的心灵世界里，他的故乡是人鬼交混、充满幽灵的奇异世界。

（二）成年期经历

1940 年，马尔克斯迁居到首都波哥大，18 岁时考入波哥大大学攻读法律，可是他对法律毫无兴趣，并在此时开始了文学创作。在大学期间，马尔克斯阅读了大量西班牙黄金时代的诗歌，这为他以后的文学创作打下了坚实基础。

后因时局动荡中途辍学，随后进入《观察家报》任记者并逐渐走上文学创作之路。1948 年，因哥伦比亚内战辍学。1955 年，他因连载文章揭露被政府美化了的海难，被迫离开哥伦比亚而任《观察家报》驻欧洲记者，不久那家报纸被哥伦比亚政府查封，导致他被困欧洲。

1958 年，马尔克斯与他相爱已久的恋人梅塞德斯结婚。1959 年，马尔克斯为古巴通讯社——"拉丁社"在波哥大、古巴和纽约的分社工作。1959 年，应邀参加古巴革命胜利庆典并在切·格瓦拉领导的拉丁通讯社工作。

20 世纪 50 年代中期以来，马尔克斯陆续发表了一系列中短篇小说。"除非你是我，才可与我常在。"在马尔克斯的著作中，无论是《百年孤独》，还是《枯枝败叶》，几乎所有的作品都存在着"孤独"这一元素。马尔克斯笔下的孤独感，是他对整个民族的精神状态做出的最有总结性的概括，甚至在布恩迪亚家族里都流淌着孤独的空气，令人窒息。而他的著作都是他生活的写照、灵魂的写实，从中我们不难窥探出马尔克斯"孤独"的气质。而要深刻探讨这一问题，我们就要从马尔克斯的著作出发，剖析他内在的、深层次的"孤独"气质的形成原因，从心理传记学角度来理解这一问题。

二、马尔克斯文学作品中原始意象和原型情景分析

马尔克斯大量的写作灵感源于自己的真实生活，其中《百年孤独》写的是家族史，《霍乱时期的爱情》写的是马尔克斯父母的爱情。所以我们可以通过剖析这些作品背后的意象来找寻作者生活的经历，由此来探讨其"孤独"气质形成的原因。更为重要的是，马尔克斯亲笔写的自传——《活着为了讲述》，讲述了自己的前半生，即从童年充满魔幻色彩的大家族生活到颠沛波折的求学之路，再到辍学当记者并投身文学。书中揭露了许多《百年孤独》中的隐喻及其他小说（尤其是《霍乱时期的爱情》）的创作灵感。由此，基

于马尔克斯的著作,我们通过分析其原始意象和原型情景与作者生活的关系,可以进一步体悟马尔克斯的孤独气质,也可以更好了解其"孤独"的心理来源。

(一) 原始意象一:马孔多

马孔多是马尔克斯笔下小镇的名字,来源于马尔克斯小时候去过的香蕉园,但在小说中实际是指阿拉卡塔卡(后期也有一些巴兰基亚的影子)。马尔克斯的外公曾是自由军的退役上校,在这个镇子上仍然很有势力。他在外公的大家族中长大,家族的长辈给他讲的魔幻故事深深印在了他的脑海中,成为日后《百年孤独》及其他魔幻短篇小说的重要灵感来源。他在《百年孤独》中写道:"火车停靠在一个没有镇子的车站,没过多久,又途经路线上唯一一片香蕉园,大门上写着名字:马孔多。"后来他在《马尔克斯访谈录》中提及:"外公最初几次带我出门旅行时,我就被这个名字吸引,长大后才发觉,我喜欢的是它诗一般悦耳的读音。我没听说甚至也没琢磨过它的含义,等我偶然在一本百科全书上看到解释(热带植物,类似于吉贝,不开花,不结果,木质轻盈,多孔,适合做独木舟或厨房用具)时,我已经把它当作一个虚构的镇名,在三本书里用过了。用阿拉卡塔卡和巴兰基亚充当文学作品中的地名缺乏神秘感和说服力。于是,我决定用马孔多,这个名字我儿时便知,但直到那时才感受到它释放出的魔幻气息。(《枯枝败叶》创作过程中的想法)"

在马尔克斯童年和少年时代的记忆里,故乡阿拉卡塔卡非常特别,既神奇又普通:是那样一现即逝,好像一种预感;又是那样永恒,好像某种被遗忘情景的重现。马尔克斯对自己童年和少年时代生活过的环境的这种永恒的、漂浮的、带有神秘和魔幻色彩的印象,成为他后来小说创作取之不竭的源泉。在他的小说里,阿拉卡塔卡成了"马孔多"。

马孔多由于两难的文化选择而产生了强烈的"孤独",在传统与文明之间踌躇、彷徨;渴望文明与进步,又难以冲破其文化本身的封闭性;习惯于因循守旧，又不甘被抛弃于文明之外。两种互相矛盾的文化意向使马孔多陷入难以调和的文化冲突中，使其因缺乏文化整合而陷入难以摆脱的孤独之中。同时，也在这种矛盾中映射出马尔克斯本人所处社会的矛盾，人在不确定时会产生焦虑的情绪，而社会的矛盾其实也透露出马尔克斯本人的矛盾感。

（二）原始意象二：爱人

《霍乱时期的爱情》中男女主角身份与现实中马尔克斯父母的出身、职业完全相同。马尔克斯说："妈妈（路易萨·圣地亚加）出生在一户普通人家（实际比普通人家要强得多，但还没到贵族阶层），在圣马尔塔圣母学校受过富家小姐般的良好教育。圣诞假期，她和女友们在绷子上绣花，在慈善义卖会上弹钢琴，在她一位姑妈的看护下，和当地羞答答的贵族小姐们一起参加纯洁无瑕的舞会。没人见过她谈恋爱，直到她不顾父母反对，嫁给了镇上的电报员。"

他在自传中交代，父亲加夫列尔·埃利希奥也和《霍乱时期的爱情》中的男主人公一样是个私生子，并"完美继承了家族里的穷光蛋气质"。

在书中，达萨的父亲为了使达萨与阿里萨分离，带达萨穿过山区，去了遥远的亲戚家里。现实生活中，马尔克斯的外公确实曾带着马尔克斯的母亲远行，去了亲戚家里，以逃避马尔克斯父亲的纠缠。而这对情侣的联系方式也与书中完全一致。"面对家人的反对，加夫列尔·埃利希奥和路易萨·圣地亚加没有屈服，遭到严加管束后，只能偷偷摸摸地鸿雁传书。弗兰西斯卡表姑姥姥明目张胆地为其打掩护……心上人还没走完第一程，加夫列尔·埃利希奥就找到了和她保持联络的好办法。妈妈和外婆要经过七个镇子才能抵达巴兰卡斯。爸爸和这七个镇子的电报员都说好了。她只要在经过每个镇子的电报所时拜托热心亲友收发电报即可。"这些都足以看出马尔克斯对纯美爱情的向往。

但是在《百年孤独》中爱情的解决方式往往是悲剧性的。在小说中,布恩迪亚家族都是近亲结婚,很少有真正的爱情。在第二代中,丽贝卡和阿玛兰妲同时爱上了调琴师,结果酿成了悲剧,使阿玛兰妲再也不敢相信爱情,一直孤独终老。第五代的梅梅爱上了技工,但被母亲强拆了。母亲皮卡奥出身高贵,又受过良好的教育,绝不允许自己的女儿爱上身份低下的技工,她打断了技工的脊梁,又强迫梅梅进了修道院。在这个家族中,纯真爱情的结局也是孤独的。在小说中,马尔克斯就这样通过生活中的各种等待、死亡、绝望来体现其孤独意识。

对马尔克斯而言,他的父母是自由恋爱,却遭到了很严重的阻拦,正如《百年孤独》中的那种封建思想。但是,其实他本人想要冲破这层阻拦,警醒世人——爱情的破灭意味着灵魂深处的孤独。

(三)原始意象三:黄色

拉美民族把黄色视为凶兆和灾难的象征。在《百年孤独》中黄色时常伴随着灾难和失败,每一次黄色事物的出现就是一场灾难。在这部小说里,黄色象征着死亡、衰败、病痛、离散及作品中人物心理的郁闷和孤独。

乌苏娜死后,院子的土地开裂,从中开出了黄色的小花;马孔多的铁路通车之后,火车头是黄色的,这列火车给马孔多带来了剥削、奴役、大屠杀等一系列灾难性事件。最后,这列火车也变成了黄色的破车皮,从此马孔多也衰败下去了。

黄色常常伴随着他们,如影随行。当灾难与不祥的事情发生时总是伴随着各种黄色的事物,让人无法提防,好像是预示又好像是宿命。不断出现的黄色象征着拉丁美洲的马孔多小镇日复一日地衰亡,这表明当时拉美民族文化封闭守旧,有很大的弊端。

三、马尔克斯"孤独气质"影响因素分析

马尔克斯的著作中最重要的主题就是孤独,这也与他本身的孤独气质有关。这份"孤独"到底是什么?又来自哪里?马尔克斯的定义是:"支持、同情与团结的对反,他看到在拉丁美洲历史环境下成长的人后来都失去了支持、同情和团结,他们得不到支持,得不到同情,不懂得如何去支持别人,同情别人,也就不可能和别人形成团结。"他以马孔多来象征拉丁美洲巨大的历史变化,看见每一个人都是孤独的。孤独,正是马尔克斯写作的主题之一。

(一)社会环境的影响

马尔克斯曾说:"与其说马孔多是世界上的某个地方,还不如说是某种精神状态。"《百年孤独》中的生活日复一日、年复一年地重复与循环着,"以人工与心理时间安排故事脉络,着力表现布恩迪亚家族在马孔多的单调、重复、循环与轮回的宿命"。他(马尔克斯)通过某种具有寓意的镜子城和马孔多及布恩迪亚家族令人难以忍受的孤独和堕落,来映照拉丁美洲现在仍然存在的痼疾和恶习,以期人们能够有所醒悟和改变。小说富有象征意义的结尾深刻阐释和点明了该书的主题:马孔多在一阵飓风中消失了,这个命中注定处于一百年孤独的世家,永远在这个世界上消失了。

马尔克斯是深深植根于哥伦比亚乃至拉丁美洲社会的一个具有人文情怀和社会忧患意识的作家,他对于拉丁美洲的男权社会形态和社会意识显然有着深刻的体会。他在诺贝尔文学奖颁奖辞上说:"在那里,谁的命运也不能由别人来决定,包括死亡的方式;在那里,爱情是真正的爱情,幸福有可能实现;在那里,命中注定处于一百年孤独的世家终将并永远享有存在于世的第一次机会。"但这里指的是他所渴望的世界。无疑,他所处的社会是不自由、不平等的。正是在这种大背景下,使他有了对自由公平的渴望,与社会

的剥离感成为他独特的"孤独"气质的原因之一。

马尔克斯小说的主题在于从不同角度、不同层次揭示了贫穷、落后、闭塞、守旧、愚昧——渗透精神毒液、病入膏肓的"马孔多"。"马孔多"必然要崩溃，必然要在地球上完全消失。马尔克斯小说里的"马孔多"很大程度上是哥伦比亚的缩影，反映了整个哥伦比亚乃至整个拉美大陆的生活现实，有着深远的政治、社会、文化背景。马孔多反映了哥伦比亚当时的历史背景，这也是造成马尔克斯"孤独"气质的原因之一。

（二）女性关系的影响

晚年时，身患癌症的马尔克斯曾经给读者写过一篇告别信，信中表达了他对女性的崇拜情结："女人们支撑了我窘迫的现实世界。"在《活着为了讲述》中，马尔克斯说："母亲、妻子和家族里的其他女人，铸就了我的性格和思维方式，她们个性坚强、心地善良，拥有人间天堂一般自然不做作的态度……"这说明在马尔克斯心目中女性对他的巨大影响。

我们不能忘记一个事实：在《百年孤独》出版之前，长期贫困是马尔克斯生活的主旋律，是他生命中的女人们，支撑了这位文学家岌岌可危的现实世界。在马尔克斯眼里，妈妈是位特别的母亲，受过良好教育，生了11个孩子，加上马尔克斯爸爸的私生子们，妈妈97岁高龄时膝下共有180个小孩（包括子女、孙子孙女、曾孙和玄孙）。有评论认为，《百年孤独》里乌尔苏拉的原型很有可能就是马尔克斯的母亲。

马尔克斯的成功，少不了妻子梅塞德斯的功劳。马尔克斯本人在被授予诺贝尔文学奖后也对记者公开表示："对我来说，梅塞德斯是非常重要的。多亏了她，我才能把写作工作坚持下来。"可见，女性在马尔克斯的心目中是贤能甚至是神圣的，且对他的影响是深刻的。

四、基于精神分析理论的探讨

（一）性本能

"生物学上将人类和动物身上所存在的对于性的需求称为'性本能'，类似于我们在饥饿状态下对于食物的本能追求。"性本能是个体重要的生存本能之一。左右性欲力量的是体内分泌的荷尔蒙。男性经由睾丸分泌的"雄性激素"和女性经由卵巢分泌的"雌激素"或"孕激素"是荷尔蒙的主要成分。人在荷尔蒙的作用下会产生性冲动，进而产生性行为。

对性欲的描写是马尔克斯笔下爱情的一大特色。性欲的强大力量几乎影响着马尔克斯笔下的每一个人，令他们幸福快活、疯狂孤独。男人们从爱欲中感知死亡的恐惧，他们会为了自由的性爱生活离家流浪；女人们曾为床第之欢感谢上帝，她们不惜沦为妓女，只为跟陌生人上床。身体的渴望令马尔克斯笔下的主人公们疯狂焦灼，其实在一定程度上，这些文字也反映了马尔克斯本人内心的某种呼唤。

反观马尔克斯本人，他虽然有一段与妻子梅塞德斯美满的爱情，但是实际上正如他在《活着为了讲述》中所说："我年轻过，落魄过，幸福过，我对生活一往情深。"青年时代的马尔克斯，偷过东西，穷到睡过大街，坐过监狱，嗜酒，抽劣质香烟，嫖娼，甚至与别人的妻子偷情，而且不止一个。由此可见，马尔克斯实际上是一个性压抑个体，他对"性"是渴望的。但是年少时被落魄的生活压抑，这种一直被压抑的孤独造就了使他功成名就的《百年孤独》。

（二）恋母情结

"性欲是人的本能欲求，而性欲萌发的初期总是导向乱伦式的爱情。人的性冲动最早可能引向家族中的母亲或父亲，而这种情感被称为恋母情结或恋父情结。生殖的渴望，增产的需求，成为社会发展的动力。无论是恋母情结还是生殖崇拜，都始于人的本能性欲，是强大性本能对人的作用。"

"小孩很早就表现得好像他们对照料者的依赖是一种性爱。小孩最初的焦虑就正是表达了他们感觉到要失去自己所爱的人。"儿子对母亲的渴望和女儿对父亲的崇拜便带有某种异性的吸引力。对家族中异性的渴望可以说是性欲本能的最早发力，大部分会随着家族外的异性吸引而被遗忘，但也可能成为某人一生的执念。

马尔克斯笔下的主人公就有着强烈的恋母情结，尤其是在《百年孤独》中。恋母情结成为主导马尔克斯笔下乱伦爱情的重要因素。主人公们在母亲的乳汁里、在照料者的爱抚中体会到了身体的快感。母亲的温柔爱抚对于儿子而言具有强烈的性诱惑力，而小说中姑妈与姨妈便成为母亲身份的替代品，主人公们也因此爱上了年纪较大的异性。

马尔克斯童年时期与自己的外祖父母居住在一起，外祖母对他的影响非常大，回顾上面女性影响中的内容我们不难发现，马尔克斯对自己的母亲存在一种爱慕之情，而童年早期母爱的缺乏又与这种恋母情结相矛盾。正是这种矛盾压抑了马尔克斯的力比多，成为他孤独气质的成因之一。

弗洛伊德在《性学三论》中也讨论过这一问题：即使有人足够幸运能够避免乱伦的固着，他的力比多也不能完全摆脱它的影响。常常会出现年轻男性在第一次邂逅一位成熟女性时就疯狂地爱上了她，或者是女孩爱上一个具有权威地位的中老年男人。这明显是我们讨论过的那个发展阶段的投射，因为这些人能够使他们幻想的母亲或父亲的画面成为一种真实。毫无疑问，每一个对象选择都或多或少有这些原型的基础。马尔克斯故事中人物的原型可能就是基于自己，基于自己的压抑，把自己内心的想法寄托于故事中的人物。由此我们可以看出，马尔克斯实际上可能是一个具有恋母情结却被压抑力比多的个体，这使他的内心产生了孤独之感。

（三）生殖崇拜

弗洛伊德说："一般人总认为儿童没有性欲，只有当他们的性器官成熟时，性欲才开始出现。这是一个十分严重的误解，不管从理论上，还是从实践上都是错误的。"人类对性爱的渴望、对繁殖的崇拜依旧保留着原始的情感。在需要人口的原始部族内，身体的需求、族群的强大都需要通过性交繁衍来完成，因而对生殖的崇拜成为一种文化标识。尤其是在一些相对原始的文化中，生殖崇拜总是直接显露在各个方面。许多古老文明通过刻画和塑造超凡的生殖器来表达对繁衍的歌颂。除此之外，自古以来流传的关于生殖器的传说都是这种崇拜的延续。男人巨大的生殖器是男性生命力的体现，而女人的生育能力则是女性价值的彰显。在古老部族中，人们也将性能力与农作物的生产进行"相似性"的联想——"人类发生性关系也可促使土地增产和丰收"。

马尔克斯小说中的主人公对男性巨大生殖器有着强烈的崇拜之情。在他的笔下，巨大的阳物和性能力是男人战斗力的证明，是强大繁殖力的表现，也是男人征服异性和同性的有力武器。《百年孤独》中何塞·阿尔卡蒂奥硕大的生殖器曾令无数女人发狂战栗，也曾令弟弟奥雷里亚诺自叹不如、自卑不已。何塞疯狂的时候曾在半夜光着布满文身的身子用巨大的阳物托举酒瓶而赢得围观者的阵阵喝彩。

然而，对人性本能的表述并不是马尔克斯小说的叙事目的。马尔克斯生活的年代正面临拉丁美洲的社会转型。外来文化的侵入为拉丁美洲的人们打开了潘多拉的盒子，使他们在原有的本能力量之外，又受到文明世界的诱导和压制。所以，马尔克斯小说中对人本能层面的广泛描写，有着对拉美本土文化和文明的隐喻，同时也是对他本人的隐喻——他们充满激情，却盲目无序。我们可以通过马尔克斯的文字看出他对生殖的崇拜，结合他自身的经历——祖父的私生子、父亲的私生子，无一不对马尔克斯产生重大影响，这种对生殖的崇拜和性压抑在一定程度上塑造了马尔克斯的"孤独"气质。

五、结语

哥伦比亚特定的社会背景、马尔克斯在外祖父母照料下长大的童年经历、成年后成为记者、遭遇的人生重大事件，都造就了马尔克斯这位文学大家特有的"孤独"气质。文学作品中显现出来的情景和意象与他的生活密切相关，是他本人的真实写照。通过对著作的解读，可以体悟到作者内在的"孤独"气质。从精神分析的角度解析，性冲动、恋母情结、生殖崇拜也在一定程度上成就了马尔克斯独有的"孤独"气质。

参考文献

[1] 洪烛. 马尔克斯的孤独 [J]. 文学教育（下），2009（15）：4-5.

[2] 黄俊祥. 简论《百年孤独》的跨文化风骨 [J]. 国外文学，2002.

[3] 吉恩·贝尔·维亚达. 加西亚·马尔克斯访谈录 [M]. 许志强，译. 南京：南京大学出版社，2019.

[4] 加西亚·马尔克斯. 活着为了讲述 [M]. 李静，译. 海口：南海出版公司，2022.

[5] 加西亚·马尔克斯. 百年孤独 [M]. 范晔，译. 海口：南海出版公司，2014.

[6] 加西亚·马尔克斯. 霍乱时期的爱情 [M]. 杨玲，译. 海口：南海出版公司，2020.

[7] 加西亚·马尔克斯. 马尔克斯致读者《告别信》[J]. 作文与考试：小学版，2016(10)：2.

[8] 刘长申. 加西亚·马尔克斯的小说创作与"魔幻现实主义"[J]. 解放军外语学院

学报, 1995(06).

[9] 莫色木加. 以生态女性主义视角解读《百年孤独》[J]. 名作欣赏, 2011(09): 85-87.

[10] 彭文忠.《百年孤独》与新中国时期以来文学的魔幻叙事[J]. 文史博觉, 2006.

[11] 隋丁丁. 百年孤独的历史见证者: 阿玛兰塔形象分析[J]. 语文学刊(外语教育与教学), 2011(02): 92-93, 97.

[12] 邵骏鹏. 关于《百年孤独》中孤独意蕴的剖析[J]. 宁夏大学学报, 2012, 34(06): 111-115.

[13] 王仁高. 马孔多-文化孤独的象征: 论马尔克斯的《百年孤独》[J]. 莱阳农学院学报(社会科学版), 1992: 91-95.

[14] 西格蒙德·弗洛伊德. 性学三论与爱情心理学[M]. 彭情, 张露, 译. 北京: 台海出版社, 2016.

[15] 西格蒙德·弗洛伊德. 性爱与文明[M]. 臻守尧, 等, 译. 合肥: 安徽文艺出版社, 1987.

[16] 弗洛伊德. 图腾与禁忌[M]. 文良文化, 译. 北京: 中央编译出版社, 2005.

[17] 许志强. 魔幻现实主义与加西亚·马尔克斯的变法[J]. 外国文学评论, 1998(04): 3-5.

[18] 杨眉. 毁灭后的永生: 析《百年孤独》中的女性形象[J]. 才智, 2009(01): 219-220.

[19] 杨照. 马尔克斯与他的百年孤独[M]. 北京: 新星出版社, 2013.

[20] 郑丽. 柏拉图的洞穴喻与《百年孤独》的孤独意识[J]. 北京航空航天大学学报(社会科学版), 2011, 24(06): 88-92.

[21] 张绘. 马尔克斯的文学观与文本特征[J]. 求索, 2013(07): 155-157.

[22] 张思红. 论马尔克斯小说的孤独感[J]. 社科纵横, 2005(01): 183-191.

后 记

这本书历经三年疫情，能够与大家见面实属不易。特别要感谢的就是我的合作者王鹏教授，虽然论年龄我要虚长十几岁，但是心理传记学方面王鹏教授其实是我的老师。没有王鹏教授强有力的专业支撑，也就不可能有这本书的问世。

说起我的合作伙伴，我要感谢的人还有很多。首先要感谢的就是我的老师孙春晓院长。如果说跟心理学结缘是因为我的工作需求，那么跟山东师范大学心理学院的长期、深度合作，却是缘于孙老师对我的厚爱和支持。

我原本是山东大学中文系毕业的，没想到分配工作时当了老师，更没想到后来还当了济南西藏中学的老师，而跟心理学结缘，恰恰是因为这些藏族学生。他们十来岁就远离父母亲朋，背井离乡来到济南，一待就是四年。语言不通，生活环境、风俗习惯等各方面也都不适应。他们渴望交流、关爱与精神上的援助，他们有时会想家想到哭泣。大多数孩子都因此出现了适应不良的现象，有些孩子甚至出现了严重的心理问题。我越来越强烈地感觉到，我这个没有经过教育学与心理学专业培训的老师，在应对孩子的心理问题时是多么的捉襟见肘。于是，经过层层筛选和考试，我在工作了16年之后又成了山东师范大学教育系的一名研究生。

那时候，山东师范大学的教育系和心理系还没有分家，我的导师又是戚万学校长，这使我有极为便利的条件向各位教育学和心理学大咖学习。徐继存教授、张文新教授、高峰强教授都是我经常求教的恩师。心理学帮助我解决了很多工作、生活中的难题,也让我越来越着迷,从此与心理系结下了不解之缘。

我考取了山东省第一批二级心理咨询师资格证,2005年转型为学校的专职心理教师。在各位老师的大力支持下,我们学校成了山东师范大学心理系研究生实习基地,我也被聘为心理研究生的校外辅导员,每年承担心理系研究生2～4人的实习培训任务,多次被心理系邀请,为来自全省各地的中小学骨干教师分享心理技术及案例。我跟心理系的老师们一起做课题,一起编教材,使自身业务能力得到了大幅提升。

2013年来淄博工作以后,学校心理咨询中心的建设、特色心理健康教育学校的建设,都得到了山东师范大学老师们的大力支持。2017年,学校开设生涯规划课程,在开发校本课程的过程中孙老师向我推荐了王鹏教授。由此,心理传记和生涯规划产生了碰撞与融合。

感谢宋卫卫、贺涛、刘学柱、李连吉、魏真真、张祖霞、张伦超、李成金老师及刘静文、杨舒惠、曲高源、张雅淇、郭鑫媛、孔溪、房敏、尹玉鑫、宋雪、王荣、梁渝、蔡椒涛、田宇浩、高铭洋、刘海燕、吴晓娜同学,在写作前期帮忙搜集材料、梳理文献、参与研讨;感谢程新宇、耿绯、郑方晓、张婧秋同学在写作后期帮忙校对、修正。

最后,希望阅读此书的您,不仅是以旁观者的身份了解名人的丰功伟绩,更多的是能够从书中获得对生活、生命、人生的一些启发,并且能够以此来指导自己的生涯选择,从而对自己的职业生涯做出更好的规划与发展。